eye

守望者

——

到灯塔去

汪民安 著

论爱欲

南京大学出版社

目 录

上篇 爱欲的谱系

第一章 真理之爱 ………………… 3
第二章 神圣之爱 ………………… 33
第三章 尘世之爱 ………………… 88

转 向

第四章 爱的几何学和地理学 …… 159

下篇 爱欲的政治

第五章 承认 ……………………… 183
第六章 事件 ……………………… 209
第七章 奇遇 ……………………… 243

附 录

论友谊 ……………………………… 279

上篇

爱欲的谱系

第一章
真理之爱

追随这恋人

在世上的现身

就像惊愕地注视

一颗遥远的行星

从混沌中浮现

——卢卡《爱情发明家》①

一个恋人仿佛一个奇迹。他(她)在生命中的某些时刻,从茫茫大千世界中突然浮现在我们面前,像闪电一样照亮和抓住我们。一个人为什么会偶然地出现在另一个人的生命中而又必然地纠缠

---

① 盖拉西姆·卢卡:《爱情发明家》,尉光吉译,广西人民出版社 2021 年版,第 43 页。

他(她)？一个人为什么会对另一个人产生如此的痴迷和爱恋？也就是说,人为什么会产生爱欲这样的情感冲动？如果我们发现每一个人都有类似的经验,每个人都曾"惊愕地注视"另一个人,每个人都曾体会过,"爱,仍在树梢上方,纠缠于来-去"[①],我们就会将这归结为人的普遍特性。一旦是人的普遍特性,那么这可能就是大自然的律令。这个自然律令和另一个自然律令相呼应和吻合:生命就是要求自己活下来。这就是生命的本能。生命,就是对死亡的逃避和拒绝。生的过程就是抵制和对抗死的过程。生命最大的恐惧——因此也是生命中最大的恶——就是死亡。因此,挫败死亡、战胜死亡的努力就是生命的至善。但对于生命而言,一个身体总是在逐渐衰老,死亡构成它无法抹擦的地平线,那么,对这样必有一死的生命来说,有没有一种善来抵制死亡呢？或者说,到底怎样才能克服和战胜身体的衰灭和死亡而获得神圣的永恒呢？我们可以将爱欲视作这种最大的善。因为只有爱欲,才可以让自己不死,爱欲是拒绝和战胜死亡的最有效方式。因为只有爱欲才能繁殖和生育,而繁殖后代

---

① 保罗·策兰:《我身在何处》,载《灰烬的光辉:保罗·策兰诗选》,王家新译,广西师范大学出版社 2021 年版,第 313 页。

需要男女之爱。即便自身死亡了(事实上,这是一定会发生的),死亡的生命也还有后继者,死亡的生命还可以通过爱欲繁殖的后代来延续。我们的子孙是我们自身生命的延续。柏拉图说:"为什么欲求生育?因为,正是靠生育,生命才会绵延,会死的才会成为不死的。"①在这个意义上,死的本能促发了生的本能。死的本能和生的本能有一种互动关系。

爱欲之所以是恶的反面,是至善,就是因为它有创造力,它创造生命,它创造一个将来的生命延续现在的生命。在此,柏拉图隐含的意思是,生命不过是一个漫长的链条,未来的生命都是现在的生命的将来环节。个体生命死去了,但是,它的链条还在延伸,还通过这链条活着。生命在这个意义上是永活的。这也是亚里士多德的意思:"于生物(动物)而言,只要它们已成熟而没有残缺的,只要它们不是自发生成的……不自发生成的就是由亲属递传的,一个动物生育一个动物,一棵植物生殖一棵植物,繁殖后裔是生物界唯一可得参与于宇宙(大自然)的'永恒与神业的'方法;每一生物恰都力求

---

① 柏拉图:《柏拉图的〈会饮〉》,刘小枫译,华夏出版社2003年版,第83页。

要把自己垂于永恒,而这正是所有它们所以备有种种自然机能的极因(目的)。"①而爱欲就是达成这一目标的条件,是永活的条件。苏格拉底因此说,"正是由于这永活的愿望,强烈的欲求和爱欲才伴随着每一生命"②,"爱欲就是欲求不死"③。

叔本华也将这一现象看作大自然的规律。他同样认为爱欲可以创造生命,从而让生命永续,但是,他和古代思想不同的是,永续的不是个体生命,个体生命会死掉,它不可能永恒,后裔不是个体生命的延续,永续的只是生命本身,只有作为类属的生命才能永恒。对他来说,一旦个体生命完成了生育和繁衍这一使命,大自然随时会残忍地让个体和死神照面。个体生命之死和类属的普遍生命永生,它们是一体两面。个体一旦活下来,一旦自我保持得以保障,接下来它就只追求种族的繁衍了:"以生命意志本身为内在本质的自然,也以它全部的力量在鞭策着人和动物去繁殖。在繁殖以后,大自然所求于个体的已达到了它的目的,对于个体的死亡就

---

① 亚里士多德:《灵魂论及其他》,吴寿彭译,商务印书馆2009年版,第96—97页。
② 柏拉图:《柏拉图的〈会饮〉》,刘小枫译,华夏出版社2003年版,第86页。
③ 同上。

完全不关心了;因为在它和在生命意志一样,所关心的只是种族的保存,个体对于它是算不得什么的。"①

叔本华的生命意志,和柏拉图的爱欲有密切的联系,它们都有生育和繁殖的本能要求。无论是古代思想强调的个体生命的永恒,还是现代思想强调的类属生命的永恒,都依赖于这种决定性的自然本能。但是,对叔本华来说,这样的生命意志最核心部分是性的冲动。"因为大自然的内在本质,亦即生命意志,在性冲动中把自己表现得最强烈;所以古代诗人和哲人——赫西奥德和巴门尼德斯——很有意味地说爱神是元始第一,是造物主,是一切事物所从出的原则。"②在叔本华这里,性冲动和爱神似乎是一回事。或者说,他把爱欲限定在性冲动上面。或者说,爱欲主要就是性冲动。但是,对柏拉图来说,爱欲超出了性冲动的层面而有更丰富的意义。首先,爱欲就意味着人和人的接近、趋近、融为一体。当你爱一个人的时候,你总是想到和他接

---

① 叔本华:《作为意志和表象的世界》,石冲白译,商务印书馆1982年版,第452页。
② 同上。弗洛伊德正是从叔本华这里发展出他的性本能思想的。他将叔本华的生命意志看作完全的性冲动。性冲动是生命的绝对核心。正是因为这一点,他受到了包括荣格在内的很多人的批评。

近,和他在一起,和他合二为一。当你不爱一个人,或者当你讨厌或恨一个人的时候,你总是想回避他躲开他逃离他,和他保持距离。爱欲驱使男女发生真正的融合。男女之爱的顶点就是身体的彻底、绝对和无限的融合,从而达到丰盈和圆满的状态。只有在这种彻底结合达到丰盈和圆满的状态下,生育才会发生。也就是说,创造性的时刻,创造一个孩子的时刻才会到来。没有爱欲就没有创造和生育。

但是,人们去爱什么呢?是不是任何东西、任何人都是爱欲的对象呢?一个男人会爱上任何一个女人,或者一个女人会爱上任何一个男人吗?或者更恰当地说,爱欲难道没有条件、限制和要求吗?我们正是在这里,看到了爱欲和性冲动的差别。性冲动只是一个单纯的能量要求,它甚至不需要一个对象就可以完成和得到满足。而爱欲,苏格拉底说,意味着人们只是去爱美的东西、美的对象。人们追求的是美的东西,只有美的东西才是好的东西。除了好的东西和美的东西之外,人们什么也不爱。"爱若斯(爱神)就是欲求自己永远拥有好的东西。"[1] 它

---

[1] 柏拉图:《柏拉图的〈会饮〉》,刘小枫译,华夏出版社 2003 年版,第 82 页。

"欲求在美中孕育和生产"①。因此,苏格拉底反驳了阿里斯托芬的著名说法:爱欲就是人们追求自己的另一半。对阿里斯托芬来说,这另一半就是自己先前遗失的一半。人本来是圆形的,但被神劈成了两半,此后,他们都在奋力地寻求自己的另一半,而这种对另一半的寻找就是阿里斯托芬所说的爱欲。但是,对苏格拉底来说,如果另一半不好的话,如果另一半很丑陋的话,人们绝不去追求那另一半,人们只是追求美。但是,爱欲还不仅仅是对美的追求,爱欲是要在追求美的过程中去生育。在美中生育才是爱欲的目标。"到了一定年龄,人们的自然本性便产生要生育的愿望。但人们不会在丑中而只会在美中生育。男人和女人的交合就是生育。"②"凡有生育欲而且已经在胸中膨胀的人,会那么拼命缠住美,因为,只有美才会解除生育的阵痛。"③而生育不仅在美中进行,它还是神圣的事情,因为它让可朽的生命变成不朽,也就是说生育可以达成永恒,一种神圣的永恒。就此,在生育中,美和神圣结合起来。为什么喜欢美人?为什么喜欢美的身体?

---

① 柏拉图:《柏拉图的〈会饮〉》,刘小枫译,华夏出版社 2003 年版,第 83 页。
② 同上。
③ 同上。

就是因为你想让你的后续生命同样美。你的后续生命是你的美的生命的复制和遗传。而且正是这种对美的向往和追求,才会让你克服生育的痛苦,才会让你置痛苦于不顾而去生育。而生育一个生命,就意味着你的生命得到了永恒的延续,就体现了永恒生命的神圣感。

这样,所谓的爱欲,就是去爱美的对象,在和美的对象的纠缠与结合中去生育,就是借助美去克服痛苦而生育,去创造一个新的美的生命,从而抵抗个体的偶然死亡——这因此是通过对死亡之恶的抵抗而达成的生命的至善。就此而言,美和至善在爱欲中结为一体,同时,永生也是一件神圣之事。就此,爱欲还应该被赋予神圣性。就此,爱欲将生命中的美、至善和神圣性融为一身。这也是爱欲和单纯的性冲动的差异之所在。

这是对男女异性之爱的辩护,也是对它的神圣肯定。那么,同性之爱呢?同性之爱不能生育——它看起来同永生无关。但是,同性之爱,尤其是年老男人和年少男孩之间的爱情在古希腊非常受推崇,也非常流行。在某种意义上,它甚至高于异性之爱。对爱欲的肯定是否体现在同性之爱中呢?它的善体现在哪里呢?它是否有神圣性呢?对苏格拉底来说,同性之爱促成了另外的不朽:灵魂的不朽。柏拉图将生命分为肉体生命和灵魂生命。在他这里,灵魂生命可以脱离肉体生命而存在,而且,灵魂生命较之肉体生命更加重要。在此,灵魂和肉身一样,同样拒绝自己的死亡。如果说,异性之爱导致肉体生命不朽,那么,同性之爱则导致灵魂生命不朽。有身体的生育,有身体的后代;但也有灵魂的生育,有灵魂的后代。如果说,灵魂生命比肉体生命更为高级的话,那么,促成灵魂不朽的同性之爱也比促成肉体不朽的异性之爱更为高级。

何谓灵魂的后代或者灵魂的子女?灵魂子女指的是能让人不死的作品。一些永恒的杰作,永恒的事业,永恒的功德,它们一旦被人创造出来,就能延续人的灵魂,让人的灵魂永生。《伊利亚特》和《奥德赛》就能让荷马不朽。无论灵魂的后裔是不朽的诗文、优良的制度,还是伟大的功业,它们都是灵魂教育的结果。对希腊人而言,同性爱人的关系可以这样理解:同性之爱生育的不是一个新的身体,而是一个新的灵魂,其中包含美德和睿智。一个成熟的男人和年少的男孩(12—17岁)之间的爱情,就会创造出这种灵魂之美。成熟的男人在爱一个年少的男孩时会不断地对他进行教育、培养和熏陶,不断地启迪他的灵魂,不断地塑造他,年长者将他的智慧传递给年少者。同性之爱在很大程度上意味着灵魂的孕育、培养和再生。异性之间的爱欲只能创造出身体,对希腊人来说,女性很难创造出灵魂。相比这种男女爱欲的身体创造而言,同性恋有更强的灵魂和精神的创造力,或者说,他们只能创造和抚育出灵魂子女。

对苏格拉底来说,灵魂之美,或者说,创造出灵魂生命,比身体之美,比创造出身体生命更高级和更完善。尽管同性之间的爱欲一开始向往的是美的身体,"在这身体上生育美好的言论"①,但是,一旦主动的爱恋者(而不是被爱者)发现不同的个别身体实际上是在共享同一种美,他就会放弃对个别身体的激情。"有情人肯定会把灵魂的美看得比身体的美更珍贵,要是遇到一个人有值得让人爱的灵魂,即便身体不是那么有吸引力,这有情人也会心满意足,爱恋他、呵护他,通过言谈来孕育,使得这少男变得更高贵,不断有所长进。……最终懂得身体的美其实并不足道。"②在此,苏格拉底并没有否

---

① 柏拉图:《柏拉图的〈会饮〉》,刘小枫译,华夏出版社2003年版,第90页。
② 同上。

第一章　真理之爱

定感官和身体,只不过身体感官是爱的最低等的阶梯,感官是基础,在这个基础上,爱逐渐上升到超越个别身体的普遍身体之美(共享之美),进而又从普遍的身体之美上升到灵魂之美的层面,到了这个灵魂的层面,身体就不重要了,灵魂之美是对身体之美的克服。只有爱灵魂之美,才能孕育深邃而宽阔的言辞和思想,进而瞥见美的知识和真理,即美的本质。爱欲就应该从对个别的身体之爱逐渐牵引和爬升到这条灵魂之爱的路上,只有这样才能认识普遍美的本质。"先从那些美的东西开始,为了美本身,顺着这些美的东西逐渐上升,好像爬梯子,一阶一阶从一个身体、两个身体上升到所有美的身体,再从美的身体上升到美的操持,由美的操持上升到美的种种学问,最后从各种美的学问上升到仅仅认识那美本身的学问,最终认识美之所是。"[①]这个美之所是,就是美的本质、美的知识,就是美的绝对真理。爱欲最终引向了真理这一目标。在灵魂之美这条路的终点,他才会瞥见真正的美本身,瞥见永恒的美,始终如一的美,作为理念和真理的美。"谁要是由那些感官现象出发,经正派的男童恋逐

---

① 柏拉图:《柏拉图的〈会饮〉》,刘小枫译,华夏出版社 2003 年版,第 92 页。

渐上升,开始瞥见那美,他就会美妙地触及这最后境地"①,即美的本质和美的知识。只有抵达这样的纯粹之美,只有领悟到美的知识和真理,才是实现了同性爱情的最高目标和境界。真理成为爱情的目标,也就是说,"爱情的发展过程成为真理引导者向少年男子传授智慧的意义的过程。……一个人在另一个人身上寻求的不是他失去的一半,而是同他的灵魂相连的真理。因此,他必须做的有关伦理方面的事便是发现并且毫不松懈地牢牢抓住蕴藏在他的爱情中的与真理的联系"②。从个别的身体之爱到真理之爱这样一个过程,因此是一个流畅的转变过程:"从特殊转向一般,从变化转向永恒,从可见之物转向可思之物。因此,沉思整全只是对一个人最初所产生的爱欲吸引的完善,并提供了人们从那个人身上所能期望的所有满足。"③

这是柏拉图爱情观点同其他人不一样的特殊之处:爱是从身体之爱转向了灵魂之爱,从单一之爱转向了普遍性之爱,从偶然外在之爱转向了永恒

---

① 柏拉图:《柏拉图的〈会饮〉》,刘小枫译,华夏出版社2003年版,第92页。
② 福柯:《性史》,张廷琛、林莉、范千红等译,上海科学技术文献出版社1989年版,第416页。
③ 阿兰·布鲁姆:《爱的阶梯:柏拉图的〈会饮〉》,秦露译,华夏出版社2017年版,第134页。

第一章　真理之爱

真理之爱。爱情总是同对灵魂的真理和知识的引导相关。我们将其他人对爱的谈论和苏格拉底的观点进行比较就可以更清楚这一点。他们推崇的爱的原因、爱情双方的法则,以及爱情本身的规范和苏格拉底(柏拉图)并不一样。我们简单地看看其他几个人的观点。对斐德若而言:"所有诸神中,最先出生的就是爱若斯"[1],"爱若斯在神们中间年纪最大、最受敬重,也最有权引导人在生前和死后拥有美德和福气"[2]。他年龄最大,也是最美好事物的起因和来源,因为得到一个好伴侣是最好的事情。人要过上好日子,关键是要靠情爱来引导自己的一生。爱情会给爱人勇气,爱情会令人产生荣誉感,会激发人身上的美好品德。如果军队是由情侣组合成的话,就会战无不胜。"唯有相爱的人才肯替对方去死,不仅男人这样,女人也如此。"[3]爱会让双方更加勇敢,爱人可以为爱而死。这是最大的美德。这是爱欲和勇气、德性的关联。在此,爱至高无上。

阿伽通对爱神也推崇有加:爱若斯到底是怎么

---

[1] 柏拉图:《柏拉图的〈会饮〉》,刘小枫译,华夏出版社 2003 年版,第 21 页。
[2] 同上书,第 26 页。
[3] 同上书,第 23 页。

样的?阿伽通不单纯是从爱若斯的效果来讨论爱,而且要表明爱若斯到底是谁。同斐德若的观点相反,爱若斯最年轻(不是最老),永远年轻,而且温柔、优雅。他的住所在神和人的灵魂里——这是他的美。他不伤害人和神,也不遭受暴力。他拥有正义和明智。明智意味着掌管好快感和情欲,以及勇敢(爱神俘获了战神)、智慧(爱神有创造力,创造艺术,创造生命)。"爱若斯显然就是对美的热爱。"[1]因此,爱若斯是神中最好的和最美的;他一来到神中间,神的事情就上了正轨,井井有条。"因为爱神本身最美、最好,才会有其他许多美的和好的东西。……人间充满和平,大海平滑如镜,风暴已经沉默,忧伤也已酣睡。"[2]爱欲产生了如此美妙的效应。

斐德若和阿伽通都对爱神推崇有加,爱若斯(无论是最老的还是最年轻的)带给爱欲双方的都是美好之物。他是人间一切善好的根本起源。他赋予爱的双方和平、福分、勇气、才华、智慧和德性。但是,斐德若和阿伽通将爱欲看得简单了一点,或

---

[1] 柏拉图:《柏拉图的〈会饮〉》,刘小枫译,华夏出版社2003年版,第62页。
[2] 同上。

第一章　真理之爱

者对他们来说,爱没有条件,爱是抽象和普遍的爱,抽象的爱导致了人的抽象和普遍的德性——这差不多也是后世对爱的通常理解。爱是积极之物,对人是有百利而无一害。而对于泡赛尼阿斯而言,情况有所不同。应该具体化地看待爱欲,应该对情人进行分辨。他强调性欲和爱欲之间的关系。性欲是爱欲的基础。没有阿芙洛狄忒(性欲)就没有爱若斯(爱欲)。有两个阿芙洛狄忒,就有两个爱若斯。一个属于民,一个属于天;前者是花心的,后者是专一的;前者爱身体而非灵魂,这样的爱的对象就会灵活多变,后者爱灵魂而非身体,并且忠贞不移。爱欲正是在此有其特殊性。因此要区别对待这两种爱欲;也要区别灵魂爱欲和身体爱欲的两种结果:恋上好人是好事,恋上坏人是坏事。恋上好人,为了美德而献身,这就是应该肯定的爱情。反之应该被拒绝。而厄里克希马库斯的观点与之有相关性:有两种不同的爱欲,也就有两种不同类型的身体,有身体健康的人,也有疾病缠身的人。恋上健康的身体是好事,恋上病态的身体是坏事,就像恋上灵魂是好事,恋上身体是坏事一样。应该恋上品性端正的人,这样的爱欲才是美好的、属天的,才是有利于身体健康的;而属民的爱欲,它虽然给人带来快感，但会使人变得没有节制，使人疾病缠身。在这里，我们必须区分两种不同的爱欲，爱欲有不同的特征、不同的目标、不同的结果、不同的性质。应该摒弃那种贪恋身体和快感的爱欲。这就和那种普遍的充满德性的爱欲区分开来。这样，对待爱欲应该持有一种具体的选择原则，而不是对它进行普遍而抽象的肯定。对爱若斯的特征也要进行二元区分，它就此打破了对爱的一元和普遍性的论述。相对于阿伽通和斐德若对爱的毫无保留的推崇而言，后面的泡赛尼阿斯和厄里克希马库斯的两种论述更加强调爱欲可能导致的负面作用，爱欲有危险和糟糕的一面。爱欲在这里被一分为二。爱欲的讨论从抽象变得更具体了。

这是这两组讨论的差异之一。与此相关的另一个差异在于，斐德若和阿伽通讨论的是普遍意义上的爱欲的目标问题。爱欲能够达到什么目标？爱欲能够产生什么积极后果？也就是说，爱欲的功能是什么？爱欲的性质是什么？也就是爱神应该是什么？从根本上来说，爱到底是什么？这也是回答为什么应该有爱欲这样的东西这一问题。这是一种功利主义的讨论方式——是通过爱的作用和功能来讨论爱到底是什么。但这种设想不涉及爱欲的具体个人,不涉及爱欲双方的选择问题和行为问题,也不涉及爱欲双方的差异问题,因此也不涉及爱欲的技术和手段问题。而这正是泡赛尼阿斯和厄里克希马库斯有关爱欲的讨论焦点。将焦点放在对爱欲的辨识方面:什么样的爱欲是值得肯定的? 应该去爱什么,爱什么类型的人? 爱欲中应该施行和应该回避什么样的行为? 爱欲双方应该遵循什么样的原则? 也就是说,这主要涉及爱情的行为选择、爱的方法和选择技巧的问题。爱对人了,选择对了,爱欲就值得肯定。爱欲的目标和功能取决于这样的爱欲选择,取决于恰当的行为,取决于爱的艺术和技巧。也就是,爱欲的选择和手段问题取代了爱欲的性质和功能问题。或者说,对泡赛尼阿斯和厄里克希马库斯而言,爱欲技术和选择问题决定了爱欲的目标和功能问题。爱的过程决定了爱的结果。

而苏格拉底对爱欲的讨论与上述两种类型都不同。他关于爱欲的问题和结论也非常不一样。或者说,他的讨论同时包含了前面两个类型的问题框架:爱的本质和爱的技术,爱的作用和爱的选择,爱的结果和爱的过程。同时,他对爱的分类选择也远远超过了好的爱欲和坏的爱欲这两种类型。也就是说，他对爱欲的讨论更加具体化了。就爱欲选择和手段而言，他也像泡赛尼阿斯和厄里克希马库斯那样区分了灵魂之爱和身体之爱，但不是将这两者看作势不两立的好坏对立类型，也不是面对这二者必择其一的抉择问题，而是强调二者之间的过渡和上升的关联问题。他讨论身体之爱和灵魂之爱位于不同阶梯的层级问题，即在哪一个层面才是抵达爱的最高阶梯的问题。爱处在每一个不同的阶梯，就会导致爱的不同结果。而每一种爱的结果都奠定在前一个阶梯的基础之上，因此，不同的爱之间仍旧保持着关联性。这因此不是简单的两种爱的非好即坏的结果。在这里，不同的爱欲并非对立关系，而是呈现为一个相关联的阶梯关系。而就爱欲的性质和功能而言，他不是像斐德若和阿伽通去讨论爱欲的抽象的德性、勇气和善好问题；在苏格拉底那里，因为爱欲处在不同的阶梯和层面就会产生不同的结果，所以爱神不存在抽象的功能和性质。他只是一个过渡的角色，一个引导的角色，一个爬梯的角色，爱神作为一个引导的角色，是将个别的身体之爱沿着阶梯引导和上升到普遍的知识之爱。如果说，在斐德若和阿伽通那里，爱欲是伦理德性的起源，那么，在苏格拉底和柏拉图那里，爱欲是知识和真理的起源。如果说,爱神作为一个中介,是一个通道和求索的过程,那么,知识和真理位于这个通道的尽头。在此,成年求爱者的形象逐渐变成了一个真理引导者的形象。真理的问题成为柏拉图性爱说的基本问题。总体来说,爱欲的问题在苏格拉底和柏拉图这里开始转换成这样的问题:"《会饮篇》和《斐德若篇》表明了一种以求爱技巧和承认被爱者自由为基本结构的性爱说,过渡到一种以情人的禁欲和追求真理为中心的性爱说。"[1]

这就是苏格拉底和柏拉图的独特之处:将爱欲和真理知识(而不仅仅是勇气、美德与和谐)相结合。这就是柏拉图所推崇的知识论的开端:知识诞生于爱欲。知识和爱欲——这看上去是对立的东西——在这里有奇特的结合:爱通向了知识和真理;爱的最终目标是真理。反过来,知识和真理是在爱的基础上获取的,没有爱就难以获取知识和真理。知识"也是生命的情感。怀特海的说法可以用到柏拉图这里:'概念总是穿上情感的外衣。'科学——即使几何学——是一种关涉整个灵魂的知

---

[1] 福柯:《性史》,张廷琛、林莉、范千红等译,上海科学技术文献出版社 1989 年版,第 417 页。

识,总是与爱若斯、愿望、渴求和选择相联"[1]。不过,真理和爱这不相容的东西在这里是如何结合在一起的呢?对于柏拉图来说,爱若斯不是像阿伽通和其他人认为的那样是一个神,不是最年轻的、正义、明智、勇敢和智慧的并创造了一切美好之物的神。如果是一个神的话,爱若斯不需要真理,因为神就是真理。相反,爱若斯是一个精灵。何谓精灵呢?精灵既非人也非神,既非不死的也非会死的,他在人和神之间,他是人和神交往的中介。精灵让人和神之间有了交往,他同时涉及人和神。爱若斯之所以是精灵,是因为爱若斯的父亲是丰盈的充满智慧的波若斯(Poros),母亲是贫乏的无知的乞讨的玻尼阿(Penia)。作为儿子,爱若斯协调与中和了父母双方的特征:既不是完全的丰盈也不是完全的贫乏,既不是完全的智慧也不是完全的无知。作为中介的爱若斯就处在有智慧和无知之间。正是这一点,使得他爱智慧(Philosophia),因为有完全智慧的人不需要智慧,完全无知的人也不需要智慧,只有爱若斯这样的中间人物,这样一个人神之间的过渡人物才会爱智慧。"智慧算最美的东西之一,爱若

---

[1] 阿多:《古代哲学的智慧》,张宪译,上海译文出版社 2012 年版,第 69—70 页。

斯就是对美的爱欲,所以爱若斯必定是爱智慧的人,爱智慧的人就处在有智慧的和不明事理的之间。"① 智慧和真理才是爱若斯的目标。正是这样一个作为中介和通道的精灵身份,使得爱若斯追求真理,使得他从人向永恒神圣的真理进行过渡,使得他努力获得真理而达成完满从而实现自身。爱欲对智慧和真理的追求过程,实际上就是将人引向神圣不朽的过程。就此,爱若斯作为一个精灵,与其说是一个神,不如说是一个哲学家。

在苏格拉底和柏拉图所主张的这个爱欲关系中,纯粹的身体之爱并不是遭到绝对的禁止,而是处在整个爱欲阶梯的最底层。在希腊,成年男人可以合法地将男童作为快感对象而不会受到责难。也就是说,肉体之爱并不是禁忌。只不过,对肉体的爱逊色于对灵魂的爱,肉体之爱不是爱若斯的目标,爱若斯最终要找到的是神圣和永恒的真理。但是,没有肉体之爱作为奠基,他可能也无法寻找到真理。或者说,他无法开始他的爱欲之路。爱欲是在两个人之间发生的事情,一个成年男人如果不是对一个少年的肉体充满兴趣,不是看到了他的身体

---

① 柏拉图:《柏拉图的〈会饮〉》,刘小枫译,华夏出版社 2003 年版,第 78 页。

之美的话,也许无法萌生与之交流的欲望。也就是说,灵魂之爱如果没有身体之爱作为根基的话就难以启动。但是反过来,一个非常美的少年如果对求爱者完全没有回应,没有灵魂上的沟通,那么这个充满智慧的成年求爱者或许对少年的身体也不会产生持久的兴趣。人们很难真正地爱上一个美丽的哑巴。在这个意义上,身体之爱是灵魂之爱的根基,但是,停滞在身体层面上的爱是不完全的。如果只是沉浸于身体之爱,就无法满足爱若斯的根本欲求。作为爱智慧的精灵的爱若斯要向神圣之爱攀爬,要追求最美的智慧。只有在这个对肉体之美的爱欲的基础上形成灵魂之爱,才会一步步地抵达并完成智慧和真理之爱。肉体的爱同真理和知识无关,它是偶然的,它转瞬即逝,无法获得神圣的永恒,然而它并非不必要,肉体之爱是要被跨越的,但同时也是基础之爱。就像福柯所说,"柏拉图认为,真正的爱的基础不是排斥肉体,而是超越对象的表象,是对于真理的追求"[①]。只有超越具体肉体的灵魂之爱才能抵达普遍而纯粹之美,才能获得美的知识进而获得纯粹的知识和真理本身,最终也才能通

---

① 福柯:《性史》,张廷琛、林莉、范千红等译,上海科学技术文献出版社1989年版,第412页。

向永恒和永生。这样的爱欲也获得了自身的满足,它圆满、永恒、不变,它就是爱欲本身,它实现了爱欲的目标:爱欲一旦通向了真理就实现了自身。"苏格拉底-柏拉图性爱说截然不同于其他性爱说,这不仅因为它得出的结论不同,更主要的原因是,它倾向于用非常不同的术语来拟定这个问题。了解真正的爱的本质不再等于回答了以下问题:一个人应该爱谁?在什么条件下爱情对于双方都是高尚的?或者,至少,所有这些问题都从属于另一个首要的、最基本的问题:爱情的本质是什么?"[1]爱情的本质是什么呢?对苏格拉底-柏拉图而言,就是对于美的领悟,对纯粹之美的领悟,对美的本质的领悟。美的本质就是美的知识和真理,因此,从根本上来说,爱就是对知识和真理的领悟,就是对智慧的领悟。智慧就是最美的——这已经无限远离和超越了个体的身体之爱。或者说,到这里,身体之爱尽管是起点,但是已经被真理之爱所远远地抛弃了。可以说,以身体为对象的"爱欲的原始欲求被它们充分实现后的状态所否定",因为"必朽之物

---

[1] 福柯:《性史》,张廷琛、林莉、范千红等译,上海科学技术文献出版社1989年版,第405页。

渴望不朽"。① 永恒的真理胜过必有一死的身体。

这点对苏格拉底(柏拉图)来说至关重要,这也是他本人的生活要求。如果说,爱若斯是一个非人非神的精灵的话,那么,苏格拉底本人就是这样的爱若斯,就是这样的人神之间的中介。他是一个精灵-哲人。他借第俄提玛(Diotima)描述的爱若斯的形象就是他自己的形象。"粗鲁,不修边幅,打赤脚,居无住所,总是随便躺在地上。"②这是一个方面;另一方面,"他有勇、热切而且硬朗,还是个很有本事的猎手,经常有些鬼点子,贪求智识,脑子转得快,终生热爱智慧,是个厉害的施魔者、巫法大师、智术师"③。这样的爱若斯-苏格拉底,这样的既非人也非神的爱若斯-苏格拉底,过着这样的爱智慧的生活,这也是哲学生活。哲学不是智慧,而是爱智慧,"是由智慧的观念所决定的生活方式和论辩"④。爱若斯就是哲人。如果有一种爱欲目标的话,就应该将智慧作为这样的目标。通往知识和智

---

① 阿兰·布鲁姆:《爱的阶梯:柏拉图的〈会饮〉》,秦露译,华夏出版社2017年版,第137页。
② 柏拉图:《柏拉图的〈会饮〉》,刘小枫译,华夏出版社2003年版,第77页。
③ 同上。
④ 阿多:《古代哲学的智慧》,张宪译,上海译文出版社2012年版,第44页。

慧的爱欲生活才是最值得过的生活,哲学生活才是最值得过的生活。或者反过来说,最有价值的生活就是发现美的本质和知识的爱欲生活与哲学生活:"人的生命才值得,要是有什么值得过的生活的话——这境地就是瞥见美本身。"① 这也即纯然清一的绝对之美,这也是美的沧海般的阔大和无限。这也是美的绝对知识和真理。它是通过爱来完成的。一旦瞥见了这美,"你就会觉得,那些个金器和丽裳、那些个美少和俊男都算不得什么了"②。身体之爱终究会被真理之爱所抛弃。

但是,为什么这样的生活,这样的爱智慧的哲学生活至关重要?或者说,为什么灵魂教育,为什么通向知识和真理的爱欲至关重要?为什么爱欲最终应该通向知识和真理?通过爱欲获取真理和知识又意味着什么?这也意味着——苏格拉底特别强调这点——只要凝视美,只要发现了美的本质,只要领悟了美的真理,就可以生育真实的美德,就可以让这种知识、美德和灵魂传递下去。这样的知识传递就意味着不会死亡:"谁要是生育,抚养真

---

① 柏拉图:《柏拉图的〈会饮〉》,刘小枫译,华夏出版社2003年版,第93页。
② 同上。

实的美德,从而成为受神宠爱的人,不管这个人是谁,不都会是不死的吗?"[1]美德、智慧和知识也是不死的,是永恒的,也因此是神圣的。虽然他的身体死了,但是他获得了真理,传递了真理,他还是活着的。他会一直活着。他借助真理的反复传递和延伸而永活。因此,为了真理可以一死,为了真理可以让身体去死,为了真理可以毫不犹豫谈笑风生地去死,为了真理而死可以让死亡获得美的辉光——这正是苏格拉底死亡的意义。他的身体死了,但正是因为他为了传递真理、为了真理而死从而一直未死,真理的永生克服了身体的死亡;传递真理的欢乐克服了肉体死亡的痛苦。真理之爱克服了身体之爱:苏格拉底永活的形象就是他赴死的形象。人们只要因为爱真理、为了真理而赴死,就会一直活着——这正是苏格拉底开创的爱真理、为真理而献身的伟大传统。相形之下,身体之爱太短暂了,身体之爱只是瞬间的快乐,它瞬间就消耗殆尽,它高潮的时候就是它终结的时候,因此,身体的快乐也是价值不高的快乐。身体之爱只有导致生育的时候才有它的意义。而同性之爱无法生育生命,他们

---

[1] 柏拉图:《柏拉图的〈会饮〉》,刘小枫译,华夏出版社 2003 年版,第93—94 页。

之间的身体之爱完全是转瞬即逝的,不会留下任何永恒,因此也是无意义的。同性之间更应该将爱的最高目标定位于永恒真理的生产。真理之爱高于身体之爱。这就是在《会饮》中苏格拉底能抵抗青年男子对他的性诱惑的原因之所在:美男子阿尔喀比亚德试图以身体来引诱苏格拉底,但是未获成功。这是企图用身体之美来交换真理之美,用身体之爱来换取知识之爱。这不是对等的交易,这是"以铜换金"。在遭到苏格拉底的理所当然的拒绝后,阿尔喀比亚德感叹道,苏格拉底"盛气凌人,蔑视、取笑我的年轻美貌,(对美貌)简直猖狂到极点"[1]。

因此,我们可以说,爱欲的顶点,爱欲的最高阶梯,应该是神圣的知识和真理。因为只有知识和真理才能不朽。爱欲正是在爱真理的意义上才会导向人的不朽。就个体生命而言,爱欲是人和神的通道,是偶然性和永恒性之间的通道。更重要的,它还是另一个意义上的通道:知识传递的通道。借助爱欲,知识和真理可以一代代传递下去。通过爱欲,爱者让被爱者领悟、获取和发现知识;也让知识的获取者继续传递和发现知识。如果说,个体的人

---

[1] 柏拉图:《柏拉图的〈会饮〉》,刘小枫译,华夏出版社2003年版,第110页。

通过爱欲,通过过上爱智慧的哲学生活来发现真理和传递真理而获得永恒的话,那么,我们也可以说,就普遍意义上的人类而言,文化和知识的传递也是借助爱欲来完成的。漫长的文明过程,实际上就是一个知识的传递和创造过程。文明和知识的中断都是跟仇恨和杀戮相关。战争可以将一座城市抹掉,爱欲则让它永续。是爱欲而不是仇恨让知识四处扩散。爱欲在这个意义上是无尽的孕育、创造和生产:肉体的生产,功业的生产,真理的生产和文明的生产。这是永恒的延续和诞生。或许,最终,我们应该把苏格拉底和柏拉图的爱欲看作一个基本的动力,它是人类文明持久延续的根源。没有爱欲,当然就没有人类生命的延续,但是,我们还要记住,没有爱欲也就没有人类文明的孕育、诞生和延续。或许,生命的延续和文明的延续,是同一种爱欲的不同层面。没有基于身体之爱的生命延续,就不会有基于灵魂之爱的文明延续。我们或许应该从这个意义上来理解柏拉图的话:爱欲"这种行为就是在美中孕育、生产(孩子),凭身体,也凭灵魂"[1]。"结论不可避免地是:爱欲就

---

[1] 柏拉图:《柏拉图的〈会饮〉》,刘小枫译,华夏出版社 2003 年版,第82页。

是欲求不死。"①就此,身体之爱不应该与灵魂之爱和知识之爱对立起来,它们只是爱欲的不同层级。

我们看到,无论是身体生命,还是灵魂生命,它们都是被爱欲创造出来的,是爱欲的结晶。对前者而言,生命通过身体生育得以延续,对后者而言,生命通过真理引导得以延续,一旦获取了这种真理,"朝闻道夕死可矣",道一旦被领悟、被贯彻、被传递,生命就会借此战胜死亡、穿越死亡而永在。人,生产了后世的孩子就不会死,生产了后世的智慧和真理也不会死。爱欲是创造和生育的动力和源泉。它因为阻断了死亡,因为产生了不朽的结晶,因为让生命能够永恒地延续,因为对美的贪婪追逐,所以最终还伴随着巨大的快乐和喜悦。爱欲总是伴随着快乐,没有快乐就不会有爱欲。它们内在地融为一体,就像美和爱欲也融为一体一样。爱欲将美和快乐的差异消融了,或者说,最美的经验就是最快乐的经验——它们在爱欲这里裹成一团。这一创造性的快乐贯穿了整个爱欲过程本身,而巅峰般的喜悦就在生育时涌现:孩子降临带来的喜悦,真理降临带来的喜悦。这喜悦同时也是不死的喜悦。

---

① 柏拉图:《柏拉图的〈会饮〉》,刘小枫译,华夏出版社 2003 年版,第 84 页。

不死的喜悦才是至高喜悦。如果,再一次我们说,死亡是最大之恶的话,我们可以理解使灵魂和知识永恒传递下去的爱欲,以这种方式让个体不朽的爱欲,它就是最大的美德。在这样一个爱欲创造和传递真理的时刻,美、喜悦和德性同时最大限度地实现和完成了它们自身。在这个意义上我们说,只有爱智慧(而非爱肉体)的哲学生活才是值得一过的生活。

第二章
神圣之爱

爱欲导向异性之间的身体生育(创造)和同性之间的灵魂生育(创造),从而导向生命的不死:身体生命的不死和灵魂生命的不死。所以既要创造生命,也要创造智识、功业和声名,这就是爱的创造性,也是爱的必要性——这是古代的爱的观念。

对于基督教而言,同样要追寻不朽。这种不朽同样和爱相关。但是,追寻不朽不是像希腊人那样借助人世间的情欲之爱,而是借助对上帝的爱来完成的。在柏拉图看来,人的不朽是来自后代的延续,或者功名、文章、美德和知识的延续。他面对和承认具体个体真实的身体死亡:个体一定会死亡,但是,个体通过他者(物)而永恒地延续。在基督教这里,人死后可以进入上帝之城,人还可以获得一个来世生命。人可以在另一个世界中,在天国中不死。简单地说,上帝可以让他复活,而且可以完全地复原他的身体,不论这个身体在尘世死亡的时候遭到了如何的肢解和毁坏。奥古斯丁说:"我们身体的基质无论如何散落,在复活中都将重新结合在一起。"[1]在此,他的不死不是靠个人的生育或者灵魂的创造来保证的。他是通过获得上帝的恩典而进入上帝之城,并得以复活从而不死的。这个上帝之城令人遐想联翩:"摆脱任何罪恶,充满了各种好东西,处在永久的幸福欢乐之中。"[2]在此,人是不朽的,"他不能死"[3]。他"要获得一个不朽的身体。对那些复活者来说,还有什么能比得到不朽的身体更能使他们欢乐……当他们处在这种身体里面时,他们不会愿意回到可朽的肉体中去……他们拥有这样的身体,而且绝对不会再次失去它,他们也绝对不会因为死亡而再有瞬息与身体分离"[4]。人在尘世中死了,但是一旦蒙恩进入上帝之城,他就复活了,复活了的肉体和人原来在尘世当中的肉体一模一样,而且这个肉体再也不可能死掉了。在这个意

---

[1] 奥古斯丁:《上帝之城》,王晓朝译,人民出版社 2006 年版,第 1128 页。
[2] 同上书,第 1159 页。
[3] 同上书,第 1158 页。
[4] 同上书,第 1147 页。

义上,人的复活也是一种不朽,是一种死而复生的不朽。这是基督教的人的不朽。它和古代的柏拉图谈论的不朽完全不同。对于古人来说,不朽就像是一个链条一样永续下去,它是连续变动中的不朽,它是通过灵魂、事业、杰作、真理、知识或者子孙后代,通过这一系列的环环相扣的替代物让生命延续下去,这是永不中断的能指链条的延伸,这是差异化的重复,这是绵延式的不朽。但是对于基督教来说,人的不朽是以再生的形式完成的,是死后在另一个空间、另一个世界完成的。它不是在原有的尘世空间中找一个替代物来延续的不朽;基督教的不朽是重复式的不朽,是绝对的重复和回归的不朽,是死和生之间永恒的轮回与重复游戏的不朽。这样的不朽和古代思想的不朽的差异在于,它让历史停滞了,历史的变迁和绵延痕迹被永恒而稳定的上帝所抹掉;它也改换了空间:世界中不存在不朽,只有天国中才存在不朽。

同时,这个不朽不无悖论地是以死亡为前提的:不死亡就不能不朽。死亡是不朽的前提。人必须死亡。因为人都是亚当的后代,他们分享了亚当的原罪。这是德尔图良(Tertullianus)的发明:原罪被继承下来,通过人类的遗传种子一代代地继承下来。人的本性因此被污染和腐蚀。如果说,人类有一个共同的亚当起源,他们因此构成一种谱系式的亲属世代关系,他们在世界上一代代传递,那么,这个世界中的每个人都生而有罪。正是因为这先天之罪,人必须死。"在基督教的理解中,死亡从来不是一个自然事实,而是从亚当那里继承下来的、作为对罪的惩罚的一个灾难事件,死亡表明过去没有被救赎连根铲除,必死始终是人类的共同命运。"[1]这就意味着,人类在被基督拯救之前,始终保持着他的亚当谱系,即罪的谱系。因此,死亡始终是人的一个威胁。但是,对有些人而言死亡是一个积极的事件,对有些人而言死亡是一个纯粹的灾难。这是因为所有的个体都得死亡,但不是所有的个体在死后都会进入上帝之城并得以复活和不朽。不朽的个体是被选择的,取决于上帝的意志。尽管所有的人都携带原罪,但是,上帝除了主持公义要惩罚他们外,还出于慈爱和怜悯要救赎他们。不过那些漠视上帝的个体,那些在尘世之城中沉浸于肉身之爱的人,那些热爱现世的人,不可能得到救赎,不可能进入上帝之城。那些沉浸在世界中的罪人会得

---

[1] 汉娜·阿伦特:《爱与圣奥古斯丁》,王寅丽、池伟添译,漓江出版社2019年版,第170—171页。

到死亡的终极惩罚。他们的死亡也意味着他们的终极死亡,或者说,是一种不可能再生和复活的"第二次死亡"。一死就永死。上帝就这样会区别对待不同的人。恶人会经受死亡的痛苦,但另一些人,"若不失去他的义,上帝的意图是让人类从那里上升到更美妙的去处"[1],即上帝之城。他们在世界之中的死,不是永死,而恰恰是一种过渡、一种机运、一种升腾的通道。这是一种破坏性的创造和再生。他们通过世界之死进入天国重生。在那里他们安然无忧,享有永恒的福乐。也就是说,只有那些爱上帝的个体,那些克服自己的过去、同世界做斗争并力图超越世界的个体,才能进入上帝之城并得以重生和不朽。反过来,爱世界的人将会永恒地死去。爱上帝,这是复活和不朽的基本前提。

如果说在古代时期,不朽是通过人和人之间世俗的爱欲来完成的,那么在基督教时期,这个不朽是通过对上帝之爱,是通过与世俗爱欲完全不同的对上帝的纯爱,而进入上帝之城完成的。显然,在基督教这里和在古代一样,克服死亡也是通过爱。或者说,爱的目标都是克服死亡。在此,爱上帝能

---

[1] 奥古斯丁:《论信望爱》,许一新译,生活·读书·新知三联书店2009年版,第46页。

达到的不朽就取代了古代爱灵魂或者爱身体所达成的不朽。现在,对天国的向往取代了对知识的向往,天国的世界取代了真理的世界,在天国中的不朽取代了在知识真理中的不朽。就此,爱上帝是绝对优先性的,爱上帝才是至善,爱上帝才是神圣的,爱上帝才能永生。信众和上帝之间的垂直的神圣之爱取代了古代人和人之间水平的横向之爱。

但这并不意味着,人和人之间的横向爱欲从基督教那里被一劳永逸地根除了。只不过,这样的爱欲只是发生在尘世之城中,就像爱上帝只能发生在上帝之城中一样。有一个上帝之城,与之相对的就有一个尘世之城。但这个上帝之城和尘世之城有何区别呢?它们是如何形成的呢?奥古斯丁说:"两座城是被两种爱创造的:一种是属地之爱(尘世之城),从自爱一直延伸到轻视上帝;一种是属天之爱,从爱上帝一直延伸到轻视自我。……在属地之城中,聪明人按人生活,追求身体之善或他们的心灵之善,或者追求二者。他们中有些人虽然能够知道上帝,'却不当作上帝荣耀他,也不感谢他'。然而在属天之城中(上帝之城),人除了虔诚没有智慧,他们正确地崇拜真正的上帝,在圣徒的团契中寻求回报,这个团契既是圣徒的,又是天使的,'上帝是一切中的一切'。"①如果说在尘世之城中,人们只关心人,只遵循人的学说,对上帝漠不关心——就像苏格拉底和柏拉图在欢乐的宴饮中所主张的那样,那么,这个上帝之城和古代的尘世生活截然不同。人们要依据上帝来生活,要过灵性生活而非肉体和智识生活,在这里,"上帝将是我们向往的对象。上帝将被无目的地看,无限制地爱,无疲倦地赞美"②。在这样一种爱中,人彻底舍弃了自身,脱离了他的原初的尘世世界。如何对待上帝?是过人的生活还是过上帝的生活——这就是两个城的根本区别。对奥古斯丁来说,过上帝的生活就是过真理的生活,因为上帝代表真理,上帝就是真理,或者说,真理就是上帝本身。人应该言说上帝的真理而不是他自己的真理,这就是过上帝生活的实质和理由。而过人的生活因此就是过谬误的生活,因为过人的生活,就是轻慢上帝而按照他自己的意志来生活。尘世生活一定是充满谬误的生活。在上帝之城中,人是爱上帝而轻视自己,他因此过着真理的生活而抵达了真理;在世俗之城中,人是爱自己而轻视上帝,他因此过的是谬误的生活而远离了真理。显

---

① 奥古斯丁:《上帝之城》,王晓朝译,人民出版社 2006 年版,第 631 页。
② 同上书,第 1157—1158 页。

然,造就这个上帝之城的爱和世俗之城的爱迥然不同。上帝之城和世俗之城,这是奥古斯丁特有的不可调和的二元论。这也是爱的二元论:这是两种相互排斥的爱,就像使徒约翰所言:"人若爱(dilexerit)世界,爱(dilectio)父的心就不在他里面了。"① 爱只能有一个对象。要么爱世界,要么爱上帝。在这两个城中,爱的对象不同,爱的机制、程序、等级和目标也不同。基督教就此区分了两种对立之爱:有一种爱上帝之爱,还有一种爱世界之爱;有一种好的爱,还有一种坏的爱;有一种真理之爱,还有一种谬误之爱;有一种复活永生之爱,还有一种死亡和地狱之爱。前者表达的是正义的意志,后者表达的是邪恶的意志。从根本上而言,爱上帝通向真理而完成不朽;爱世界通向谬误直至地狱的死亡。

这是两种绝对对立的爱。对于奥古斯丁而言,这种人间之爱不可能达成永生,如果没有上帝之爱作为根基的话,人间之爱毫无价值;古代并不排斥的感官之爱,是病态的傲慢的魔鬼之爱;对上帝的爱是唯一的爱,是排他性的爱;只能爱上帝,只能无条件绝对地爱上帝。上帝啊,"你所创造的一切始

---

① 奥古斯丁:《上帝之城》,王晓朝译,人民出版社2006年版,第590页。

终在歌颂你,从不间断,从不缄默:一切精神体是通过已经归向你的口舌歌颂你"①。所有的人只能爱上帝,这既是基督教的爱的绝对根基,也是绝对目标,是基督教的爱的意义之所在。其他的爱只有在这个根基上才有其合理性,也只有借助这个爱的根基才得以阐释。但反过来,基督教的爱,圣城中的爱,上帝之爱,对于古代人而言是不可思议和绝对陌生的。对他们而言,爱欲就在人间,永生也不在天国,而在牢不可破的灵魂和真理的堡垒中。不过,这两种爱并不是完全没有关联。它们的目标都是寻求真理:对柏拉图来说,爱欲的最后和最高的目标是真理之爱;对奥古斯丁而言,至高的对上帝的爱也是真理之爱。真理同时统摄着这两种不同的爱的目标。因为只有真理才是不朽的。对柏拉图而言,至高爱欲的生活是真理的生活,对奥古斯丁而言,天国的生活也是真理的生活。这是奥古斯丁对柏拉图主义的改装,它们都将爱引向真理,只不过柏拉图的真理是一个单纯的超感官的绝对存在,是绝对的知识,是智慧,是美之所在。这样的真理正因为它的绝对性和至上性而超越了人的偶然限度,从而获得了某种神圣感,或者说,它具有某种

---

① 奥古斯丁:《忏悔录》,周士良译,商务印书馆 1963 年版,第 71 页。

神圣性。只有这样它才是不朽的,但这并不意味着这种真理本身附属于某个具体的神。从根本上来说,这是哲学的真理。爱真理就是爱智慧。追求这样的真理的生活就是哲学生活,过这样的哲学生活才是古代人最重要的生活。对柏拉图来说,这种引导人通向神圣真理的爱神是精灵;而精灵既非人也非神,他是人神之间的桥梁;这样的精灵就是苏格拉底这样的哲学家。这样的真理有神圣性,但是它从未脱离人的目光和兴趣而存在,它是相对于人的真理,是人可以凭借爱欲去探索、接近和领会的真理。

奥古斯丁的真理也是绝对的,不过是神圣的绝对,是神秘的超感官的神圣存在,它附属于一个绝对的唯一的神。真理本身属于基督教的上帝,或者说,它就是上帝,它和人没有任何的关联,人只能对它保持虔敬,而不是像苏格拉底那样能够对它保持好奇心。这种神圣真理只需要信奉而不需要探索,只需要绝对的信仰而不需要逐渐地攀爬求索。奥古斯丁这里的爱真理丝毫没有一步步逼近和探索真理的过程,真理永恒地在那里,在上帝身上,与上帝同一,不能有任何怀疑。它只是通过道成肉身的基督向我们显示:"我是道路、真理、生命。"(《约翰福音》14:6)这是启示和律令。因此,爱,是无条件的绝对之爱,是不需要智识地去爱,是启示而不是思辨之爱。"永恒的真理,真正的爱,可爱的永恒!你是我的天主,我日夜向你呻吟。"①对苏格拉底-柏拉图而言,对真理的爱是与美相关的纠缠、发现和领悟的过程。真理需要一个求索的通道得以窥见。就此,奥古斯丁将柏拉图的美的可见的神圣真理引入一个神秘的天国中,变成无法言说的上帝的神圣真理,一种不可见的但又绝对存在的真理。

尽管真理的存在方式不一样,尽管追求不朽的方式不一样,尽管达成不朽、追求真理的爱的路径不一样,但是,奥古斯丁还是遵循了柏拉图的真理意志和不朽意志。而且,他也遵循了柏拉图关于真理本身的本体论特质。上帝也是一个不变的存在本体,类似于柏拉图的不变的理念本体,"理性所以能毫不迟疑肯定不变优于可变,是受那一种光明的照耀——因为除非对于不变有一些认识,否则不会肯定不变优于可变的——最后在惊心动魄的一瞥中,得见'存在本体'。这时我才懂得'你形而上的神性,如何能凭所造之物而辨认洞见'"②。上帝是

---

① 奥古斯丁:《忏悔录》,周士良译,商务印书馆1963年版,第126页。
② 同上书,第131页。

"古往今来万有之源,无过去、无现在、无未来的真慧"①。只有在这个意义上,在对永恒真理的信奉方面,在拒绝偶然性和易逝性方面,他才是一个柏拉图主义者。奥古斯丁用上帝的真理取代了理念的真理,用上帝之爱取代了智慧之爱,爱上帝通向永生取代了爱智慧通向永生。他就此把基督教同古代哲学区分开来:苏格拉底到西塞罗的哲学粉饰不过是人类的傲慢谬说,如果有什么智慧的话,那么这种智慧只能为上帝所有。奥古斯丁借用保罗的话将自己和古代哲学进行了区分:"你们应该小心,勿使他人用哲学、用虚诞的妄言把你们掳走,这种种只是合乎人们的传统和人世的经纶,不合乎基督,而天主的神性却全部寓于基督之身。"②

奥古斯丁这种将尘世之爱和上帝之爱视为对立的类型,而且赋予其截然不同的价值的观点,我们在《会饮》中泡赛尼阿斯的讲辞中已经见过。后者将它们分别视为属民的爱和属天的爱。前者是坏人所爱,爱身体而不爱灵魂,所爱不专,因此应遭到拒绝和否弃;后者是好人所爱,爱灵魂而不爱身体,忠贞不移,因此值得肯定和推崇。这两种类型

---

① 奥古斯丁:《忏悔录》,周士良译,商务印书馆1963年版,第177页。
② 同上书,第40页。

第二章 神圣之爱

的爱水火不容。尽管如此,这还是尘世中的两种对立之爱。而在奥古斯丁这里,这种爱的排斥和对立的二元论继续得到肯定,但他将它转换成尘世之爱和上帝之爱的对立。对立被赋予了绝对的神学特征。而在《会饮》中,苏格拉底-柏拉图并不认可这样的二元划分。对柏拉图来说,身体之爱和灵魂之爱当然存在巨大的差异,但它们不是截然对立和相互排斥的,而是爱欲的不同进阶过程。灵魂之爱高于身体之爱,但并不是和身体之爱处在完全对立的状态:没有身体的彼此爱欲,就难以孕育,就难以让生命永续下去。就像男女身体之爱试图通过孕育孩子让自己的生命永恒一样,男人和男人的灵魂之爱是通过教育让知识不断地传递而永恒。但是,如果没有生命的延续,如果不能克服身体的可朽性,那么,基于灵魂之爱的知识的永恒如何可能? 知识的延续不得不依赖人的延续而延续。尽管知识和真理可以超越具体的个体存在,但是,如果没有普遍意义上的人的存在,这种知识和真理就毫无意义。知识和真理永远是人的知识和真理,从这个角度而言,身体之爱(正是借助它,普遍意义上的人才会源源不断地延续下去)也是灵魂之爱的前提。也就是说,先有生命的延续和永恒,才有知识的延续和永恒。先有身体的爱欲,才可能有灵魂的爱欲。我们无法将这两者隔离和对立起来。

无法将身体之爱和灵魂之爱截然地对立起来还有另一个原因。人为什么要去爱智慧和真理?因为智慧和真理是美的,但是,这样的美还是以身体之美作为根基。苏格拉底-柏拉图强调有身体之爱和灵魂之爱,有具体之爱和普遍之爱,有表象之爱和本质之爱的差异。大体而言,先是具体的身体之爱(一个人的身体之美),然后上升到普遍的身体之爱(众多身体之美,身体的共相之美),然后(超越身体之美)上升到对多样性的美的爱,最后上升到绝对之美的爱,对美的理念、美的本质、美的知识的爱,也是对绝对的知识和真理之爱。这样的爱是逐级上升的。最后的绝对真理和知识之爱是爱的顶点。身体之爱,是爱的最初级的开端,爱每上升一步,就是对身体之爱的离弃。但是,这并不意味着要将身体之爱和真理之爱进行对抗。它们无限地遥远,但并不是水火不容。爱是从身体发端的。或者说,身体之爱是最初级、最简单、最盲目和最草率的,但是,它仍旧是爱的起源和动力,它包含了爱的激情和意志。没有这一初步的基石,最后的真理之爱就无从谈起。

这也就是说,没有身体之美就不可能去触碰灵魂。但反过来,一旦发现了灵魂的魅力,一旦领略了灵魂之美,一旦将灵魂之爱点燃,就可以放弃身体之爱。灵魂之美和真理之美比身体之美更加持久、更有魅力。这样,是身体爱欲导向了灵魂爱欲的开端,但是,一旦灵魂之爱和真理之爱获得了自主性,就可以摆脱和克服身体之爱——这就是身体之爱和灵魂之爱的关系。在这个意义上,苏格拉底-柏拉图并非强调真理是纯粹推论的结果,真理的起源并不排斥意志,不排斥感觉。但是,真理本身是排斥感觉和意志的,是排斥盲目的激情和偶然的身体的。我们看到,柏拉图这样的爱的阶梯关系类似于黑格尔的否定之否定的扬弃关系,而不是奥古斯丁的你死我活的对立关系。对于柏拉图而言,这是一个爱的不停地辩证否定和成长的故事;对于黑格尔来说,存在一个类似的意识的辩证否定和成长的故事。它们波澜起伏,绵延不绝。而对于奥古斯丁而言,上帝之爱和尘世之爱是两种毫不辩证的对抗关系。上帝之爱让你上升,而尘世之爱让你堕落。上帝之爱让你永生,而尘世之爱让你永死。这两种爱完全没有交织和模糊地带。对上帝来说,尘世之爱是毒瘤。"我的骄傲的毒瘤治得越好,我们的爱就越充满。如果一个人充满了爱,他充满的除了是上帝,还会是什么呢?"[1]这是两种水火不容的毫不妥协的爱的战争。

上帝之爱和尘世之爱势不两立。但是,对奥古斯丁而言,人为什么要爱上帝而摒弃尘世之爱呢?人又是如何爱上帝的呢?因为上帝是至善,我们都是上帝的造物,上帝是一切的起源,是始源性的真理。上帝设置了秩序,这是自然的秩序。我们应该遵循这秩序,凡合乎这一秩序的就是善的。我们应该爱这自然的秩序,爱这秩序的源头,应该爱作为起源、根据和真理的造物主。因此,我们应该对着上帝的方向去爱,应该让这爱向上帝运动,"爱是一种活动,而活动就必然指向某物"[2]。这种朝着上帝方向趋近上帝的爱,能够让我们获得救赎而且充满力量:"使我的灵魂为爱你而歌颂你,为歌颂你而向你诵说你的慈爱。……请使我们的灵魂,凭借你所造的万物,能摆脱疲懒,站立起来走向你,到达这些千奇万妙的创造者的身边,那里才能真正恢复元

---

[1] 奥古斯丁:《论三位一体》,周伟驰译,上海人民出版社 2005 年版,第 235 页。
[2] 奥古斯丁:《八十三个问题》,载《时间、恶与意志:问题汇编》,石敏敏译,中国社会科学出版社 2020 年版,第 40 页。

气,才是真正的力量。"①爱是有指向性的,作为起源的上帝毫无疑问是爱的运动的终极目标。这样的爱的运动同样符合自然秩序和法则。

我们爱上帝的另一个原因在于,我们是上帝的造物,但同时我们所有人也是亚当的后人。我们这些充满原罪的人,这些因为滥用自由意志而犯罪的人,偏离了上帝和上帝设置的秩序。自由意志是上帝赋予人的,上帝将它交给人自由使用。但亚当滥用了它,偏离了上帝的秩序。亚当的后人因此背上了罪。要赎罪就必须回到上帝创造的秩序中。而上帝也没有抛弃这些罪人,上帝差遣他的儿子耶稣来为我们赎罪。他的儿子因为我们而被钉死在十字架上,上帝为了我们献出了他儿子的生命。这是上帝爱我们的显赫明证!我们对上帝欠负太多,我们心怀愧疚。我们不仅应该回到上帝的秩序中,应该朝向上帝,趋近上帝,去爱上帝,我们还切实地感受到了上帝对我们的爱,上帝之爱显示为诱导我们去爱他。不过,我们之所以还得到上帝的爱,还感受到上帝的爱,之所以还有能力去爱上帝,也是因为上帝在我们心里活跃着,上帝在我们内心驱动和

---

① 奥古斯丁:《忏悔录》,周士良译,商务印书馆 1963 年版,第 71 页。

工作。这是上帝对我们的仁慈、怜悯和恩典：上帝不仅爱我们，不仅显示出他对我们的爱，还让我们领会到他的爱，让我们有能力去爱他。上帝将他的爱播撒在我们的心中，我们才有能力去爱上帝。尽管人看上去有自由意志，看上去似乎可以自由选择，但是，"你们立志行事，都是上帝在你们心里运行，为要成就他的美意"①。上帝，如果有"谁向你忏悔，谁投入你的环抱，谁因困顿风尘而在你怀抱中流泪痛哭，你就在他心中；你会和蔼地擦干他们的眼泪"②。人不可能没有上帝之爱在他心中的播撒就爱上帝。反过来，"若有人爱神，这人乃是神所知道的"（《哥林多前书》8:3）。上帝对人的爱和人爱上帝实际上是一个爱的循环。它完全起源于上帝，由上帝所驱动。"我们在《圣经》里既读到上帝'要以慈爱迎接我'，也读到上帝的'慈爱随着我'。这慈爱行在未立善志的人之先，以使他立善志；又行在立了善志的人之后，使他能将这意愿付诸实施。"③也就是说，上帝之爱造就了你们善的意志，也

---

① 奥古斯丁：《论信望爱》，许一新译，生活·读书·新知三联书店 2009 年版，第 50 页。
② 奥古斯丁：《忏悔录》，周士良译，商务印书馆 1963 年版，第 72 页。
③ 奥古斯丁：《论信望爱》，许一新译，生活·读书·新知三联书店 2009 年版，第 50 页。

满足了这善的意志。善的起因和后果都全盘归属于上帝的爱。我们爱上帝是上帝爱我们的结果。上帝爱我们,我们爱上帝,只有这样流畅的爱的循环才会得到上帝的拯救。但这完全是上帝的恩典,而非个人的自行努力。这样上帝和人的爱的循环,都是神圣之爱,是绝对之爱,也是"纯爱"(caritas)。也正是通过这样的纯爱,我们才能进入上帝之城,才能复活与不朽。上帝将堕落的沦为魔鬼而陷入万劫不复的天使驱赶走,将他们在天国中腾出来的位置给予了这些爱上帝的人。

和纯爱相对立的是"贪爱"(cupiditas)。这就是奥古斯丁的两种截然对立的爱:上帝之爱和世界之爱。不过,就像柏拉图将爱划分为不同类型一样,奥古斯丁也辨认出更多类型的爱:除了爱上帝的纯爱和世界之爱之外,还有爱邻人(他人)和爱自己这两种。这四种爱也呈现出爱的等级和秩序。对基督教来说,最高级的爱,最根本的爱,最根源性的爱,是上帝之爱。而尘世中的贪爱只能妨碍上帝之爱,贪爱就意味着不爱上帝,就意味着对上帝之爱的拒绝,也就意味着无法进入天国永生。如果说,爱在根本上是要不朽的话,那么,贪爱就是这样的爱的反面,贪爱的结果就是永死。

那么,如何看待爱邻人呢?从根本上来说,爱只能朝着上帝燃烧。无论是爱邻人,还是爱自己,都臣服于爱上帝。或者说,爱上帝才能派生出爱邻人和爱自己。爱邻人和爱自己也只有在爱上帝的基础上才可以成立。在什么意义上这两种爱是爱上帝的派生物呢?在《圣经》中,耶稣这样概括摩西律法——"你要尽心、尽性、尽意、尽力爱主你的神",他把这作为第一诫命,而第二诫命就是爱邻人,就是"要爱人如己"。那么,我们怎样来看待这两种爱的律法之间的关系?人们可能会说,爱上帝是宗教义务,爱邻人是道德义务。人可以同时有这两种义务,这两种义务可以各自独立,它们并不冲突,可以不爱上帝而爱邻人。它们之间可以没有关系。但是,在奥古斯丁看来,爱上帝是一切爱的基础。既然每个人都应该爱上帝,而且是尽心尽意地爱上帝,那么,每个人也应当爱上帝之所爱。而上帝爱每个人,也就是说,每个人都值得爱,每个人都被上帝所爱,那么同样地,每个人也应该爱每个人,每个人都应该爱上帝所爱的他人。我们可以将此称为邻人之爱。爱邻人,实际上是要求爱自己之外的每一个人。这实际上也是上帝命令人们要彼此相爱。"如果一个人爱上帝,就会做上帝命他做的,并爱到这么做的程度;结果就是他也爱他的邻人,因为上帝已命他如此。"①爱邻人是爱上帝的结果。上帝之爱是邻人之爱的根基:"亲爱的弟兄啊,我们应当彼此相爱,因为爱是从神来的。凡有爱心的都是由神而生并且认识神。"(《约翰一书》4:7)可见,兄弟之爱来自上帝之爱。爱上帝一定要爱邻人。如果不爱邻人,他也不会爱上帝。西蒙娜·薇依(Simone Weil)就此说:"若爱上帝使一些人失去尘世间各种纯洁的爱,那这些人就是上帝虚伪的朋友。"②爱兄弟和爱邻人就此有强烈的神圣维度,"他人,友人,宗教礼仪,世界之美",只有在灵魂和上帝直接接触之后,"这些事物才会成为真实的。……在这之前,没有任何实在之物"。③ 就此,邻人之爱,不是一个非宗教意义的道德义务,不是在纯粹尘世中与上帝无关的爱。上帝在邻人之爱中起着决定性的中介作用。没有作为爱的中介的上帝,邻人之爱就无法发生。

反过来,正是因为这种爱的神圣性,通过这种兄弟之爱还可以看见上帝,还可以体会上帝之爱。

---

① 奥古斯丁:《论三位一体》,周伟驰译,上海人民出版社2005年版,第233页。
② 西蒙娜·薇依:《在期待之中》,杜小真、顾嘉琛译,华夏出版社2019年版,第170页。
③ 同上。

上帝通过让我们邻人彼此相爱,而将自身显示给我们。因为上帝对于那些不爱的人来说是不可见的。不爱的人是无法看到上帝的。上帝是光,"谁认识真理,即认识这光;谁认识这光,也就认识永恒。唯有爱能认识它"[①]。但是,如果对弟兄缺乏爱,他就处在黑暗中,他看不到这光。他也因此看不到上帝,也看不到爱。反过来,只有爱自己的弟兄,只有通过这种兄弟之爱,才会有光,才会看到爱,才会看见上帝,才会去爱作为爱的上帝,上帝也才会来到这里,才会住在我们这里。《约翰一书》中说:"爱他的兄弟者住在光明里……唯独恨他的兄弟者住在黑暗之中……从来没有人见过神。我们若彼此相爱,神就住在我们里面,他的爱在我们里面得以完全了。"这样,上帝之爱让我们爱邻人、爱兄弟;而我们只有爱邻人、爱兄弟,才和上帝共在,才会领会上帝之爱,才会得到救赎。如果和上帝同住,我们就在天国中,我们就会不朽。

在这个意义上,以上帝之爱为根基的兄弟之爱也是抵达天国的通道。这是以爱上帝为基础的爱邻人。爱上帝和爱邻人是一体化的,爱上帝就必定要爱邻人,爱邻人就必定会爱上帝,必定会看到和

---

① 奥古斯丁:《忏悔录》,周士良译,商务印书馆 1963 年版,第 126 页。

感受上帝。尽管《圣经》有时候只提爱邻人,有时候只提爱上帝,但实际上它提到其中一种爱必定也包含着另一种爱。爱上帝和爱邻人扭结与缠绕在一起。它们同样构成了爱的循环。基督教就此有两种神圣爱的循环:个人和上帝之间的爱的循环;上帝之爱和邻人之爱的循环。爱在这两种循环中贯穿。上帝、个人和邻人被爱牢牢地牵扯在一起。上帝当然是这爱的绝对起源。在这个爱的神圣框架内,爱上帝一直是优先性的:"毕竟,比起他所爱的兄弟来,他更知道他所爱的爱。上帝比他的兄弟更为他所知,之所以更为所知,是因为更显明,更内在于他,更确定。拥抱爱吧,它是上帝,并用爱来拥抱上帝。这是用一根圣洁的带子把上帝所有的天使和仆人联结起来的爱,并且把我们和他们也联合起来,并把我添到它自己那里。"[1]上帝之爱就此是一种大爱,一种宇宙之爱,一种全盘包裹性的爱,它将邻人之爱囊括其中。它让邻人之爱充实、完善和成全上帝之爱。反过来,邻人之爱也是上帝之爱中的内容。爱上帝如果不包括爱邻人的话,就是不完善、不饱满的爱,就是不可能之爱。爱邻人既是上

---

[1] 奥古斯丁:《论三位一体》,周伟驰译,上海人民出版社2005年版,第235页。

帝之爱的结果,也是上帝之爱的完成。这样一种神圣的邻人之爱与世界之爱无关,它不受制于尘世之城。爱邻人和爱上帝是在神圣之爱的大框架内发生的,它属于圣爱。因此,它绝对地剔除了肉体之爱。爱一个邻人,绝对不是爱他的肉体,也不是爱他的社会关系,不是爱他的世俗特质,而是爱他对上帝之爱,爱他的神圣之爱。

这是上帝之爱和邻人之爱的关系,它们相互补足、依赖、循环甚至是一体化。但究竟如何去爱邻人呢?或者说邻人是谁呢?邻人之爱最重要的内容就是爱人如己。"全部的律法都包括在爱人如己里面了。""你们各人的重担要互相担当,如此就完全了基督的律法。"(《加拉太书》6:2)"无论何事你们愿意人怎样待你们,你们也要怎样待人,因为这就是律法和先知的道理。"(《马太福音》7:12)邻人之爱就是己所不欲勿施于人,就是将邻人当成自己一样,就是互帮互助。邻人就是另一个需要帮助的我。每一个邻人都是平等的。邻人之爱建立在这样一个平等的基础之上。但是,他们需要什么样的帮助呢?他们彼此相爱相帮,绝对不是因为他们都活在世上需要帮助,绝对不是因为有各种各样的世俗困境和缺陷需要他们去爱和帮助,也不是因为尘世中固有的抱团生活而去爱和帮助。他们并不能凭借一己之力去爱邻人。他们的横向的爱邻人实际上是通过对上帝的纵向之爱达成的,上帝是一个垂直的中介,人和人之间的邻人之爱,依赖于这个中介。正是这个中介,使得人们对周围的人的爱并不是直接的,不是面对面地去爱。爱的直观性、肉身性和在场性显然打了折扣。

不仅如此,在根本性的对上帝之爱中,人实际上舍弃了自己。爱上帝实际上就是完全将自己交给了上帝。"从此爱上帝所爱,恨上帝所恨。通过对自身的弃绝,人也同时弃绝了一切属世关系。他单单视自己为上帝所造,拒绝任何自造的东西和任何自己建立的关系。如此一来,邻人也丧失了其具体属世存在(比如作为他的朋友或他的敌人)的意义。……所有人都在这种爱中相遇,却否定了他们自身以及他们的相互联系;在这种相遇中,所有人都是同等的……由于人被系于自身的起源,他爱邻人就不是为邻人的缘故,也不是为自身的缘故。从而,邻人之爱让爱者陷入绝对孤立,世界对人孤零零的存在来说始终是一片荒漠。人在世也活在孤立隔绝中。"[1]阿伦特的意思是,如果以上帝为中介

---

[1] 汉娜·阿伦特:《爱与圣奥古斯丁》,王寅丽、池伟添译,漓江出版社2019年版,第154页。

的爱邻人,因为爱指向了上方,故此它也抽空了在世的自己,每个人都是这样一个舍弃自己的人,这样的邻人和邻人之爱,就显得异常空洞。每个人都没有一个活生生的饱满的世俗性。邻人之爱恰恰就是和邻人的真正隔膜。爱邻人仅仅是一个律令,因为每个人爱了上帝从而斩断了和世界的联系,故此也斩断了和邻人的联系,每个人都变成一个孤零零的人。邻人之爱就成了一个无缘之本的爱,一个没有共同体的爱,一个抽象、间接和模糊的爱,一个空洞之爱。这是抽象而间接的邻人,不是具体面对面的邻人,这样的空洞邻人和自己一样,他们毫无差别。如果都是一样的抽象的没有历史感和共在感的邻人,那么,这样的邻人很难构成一个共同体,他们不过是自我的重复镜像,是一个无差异性的普遍之人。这样的均等之爱就像墨子意义上的兼爱一样非常空洞:我们不清楚被爱者具体的身份、他的血肉、他的位置,不知道他的历史境遇,我们不知道邻人的特异性——事实上,所有这些特异性都因为爱上帝而舍弃了。这是普遍意义上的爱。爱越普遍,就会越空洞、越抽象,越是对爱的抽离。相对于墨子,孔子就具体得多,他的爱就是先爱家人,再爱亲戚,再爱我的邻人,爱有一个差序等级,离我越近的人我越爱,离我越远的人就爱得越淡薄。孔子的爱有一种切身而具体的感受,这是以特异性为根基的具体之爱。而墨子说的就是要对所有的人,对天下的人都具有同等的普遍之爱。

但是,奥古斯丁所理解的邻人之爱就是这样抽象而空洞的爱吗?爱邻人恰恰是和邻人的隔绝吗?如果是这样的话,爱上帝和爱邻人岂不存在一个内在的矛盾?

在阿伦特看来,这是问题的一个方面,这种抽象的爱邻人的根基是相信人是上帝造物的结果。人来自上帝,所以要弃绝自己。但是,人还有另一个源头和谱系,以亚当为起源的谱系。根据《圣经》的叙事,人类都是第一个人亚当的后代,他们都留有和继承了亚当的痕迹,即罪的痕迹,"整个人类都被定了罪,淹没在痛苦之中,在其中挣扎翻滚,身不由己地由一种罪恶被抛向另一种罪恶"[1]。他们全都是罪人,全都生来败坏,全都应该承担厄运,他们都有一个共同的罪的起源——正是这个共同的起源,共同的历史感,使得他们成为一个共同体,即便是充满罪感的共同体。邻人之间有相同的历史和

---

[1] 奥古斯丁:《论信望爱》,许一新译,生活·读书·新知三联书店 2009 年版,第 46 页。

背景,他们休戚相关,他们命运与共,他们有一种罪恶和死亡上的平等。正是基于这一点,他们之中一个人的不幸也呼应了另一个人的不幸,一个人的死亡也提醒另一个人的死亡,他们要共同面对这一切,他们有相同的悲怆感,他们能够相互感应、相互共鸣。因此,他们才应该互助互爱。在这个意义上,这种邻人之爱是共同体之内的爱。爱和互助在这里就有了具体的内容和目标:他们的互助互爱旨在获得拯救,也就是说,这样的爱邻人并非一种世俗的互助互爱。

这样的邻人之爱只有在上帝之爱的背景下才能起到获救的作用。也就是说,只有当基督降临拯救世人的时候,这样的邻人之爱才有了确实的意义。在基督来临之前,人们是一个有罪的共同体,即便他们相互依赖、相互帮助、相互扶植,也不过是尘世之爱,仍旧无法洗刷罪恶,仍旧无法摆脱死亡的终极地平线。这样的邻人之爱因此也就失去了它的意义。只有当耶稣降临对每个人进行拯救的时候,这样的邻人之爱才可能和上帝的恩典结合在一起,才可能获得更加神圣的内容。只有邻人之爱和上帝之爱相结合,上帝之爱将邻人串联在一起,每个邻人才都能获得同样的恩典,每个人在这个拯救中都生发出一种对于上帝的归属感和平等感。耶稣的救赎也让人意识到他们是紧密关联在一起的,他们一起获罪而又一起获救。也就是说,从人的最初犯罪到人的最后被救赎,在这个历史过程中,人都有一种强烈的共同体意识,他们在经历一种陡峭的戏剧性。正是基于这一充满历史感的命运共同体,他们都会意识到邻人是一个和自己相似的活生生的人,而不是一个抽象的木偶。爱邻人也就是爱具体的个人,爱一个共同体中的具体个体,爱一个共同体中分享共同命运的个体。这样的邻人之爱就贯穿着更具体的内容、更实在的根源和更充分的背景。这样的在上帝之爱的背景下的爱邻人也才会让共同体一起获救,也才会真正地摆脱世俗之爱。每个爱邻人的人也才会向上爱着上帝。横向的充实的邻人之爱和纵向的无条件的上帝之爱才达成统一。只爱上帝不爱邻人无法获得共同体的拯救,只爱邻人不爱上帝根本无法获得拯救。

这是第二种爱。第三种爱是爱自己。爱上帝是不是一定会爱自己呢?这里面存在两种可能性。实际上,爱自己,也就是所谓的自爱,处在一个中性位置。可以将爱自己和爱上帝结合起来,将爱上帝作为爱自己的依据,他爱自己也是为了爱上帝,上帝爱自己,所以自己也应该爱自己,这样的爱自己是积极的爱自己,是在爱上帝的前提和根据下来爱自己,是顺着爱上帝的意愿来爱自己,是为了上帝而爱自己。以上帝之爱为前提来自爱,会得到基督教的肯认。对他来说,这是正确的爱自己。这样的爱也是公义的。"这也是他应该爱自己的方式,或者因为他是公义的,或者是为了成为公义的,以此方式他可以'爱人如己'而无任何危险。"①但是,还有一种爱自己则走向了反面,走向了爱上帝的反面:如果脱离了爱上帝的前提和框架而爱自己,如果不是因为爱上帝而爱自己,如果是爱自己优先的话,那么就不可能爱上帝。因为爱自己当然会将目光和关注点放在自己身上而不会盯住上帝,这样,爱自己当然就会轻视上帝。这是不义之爱:"任何以别的方式爱自己的人都爱得不义,因为他爱自己是为了变得不义,也就是为了变坏,所以实际上就不再是真正地爱自己;因为'喜爱不义的人恨恶他自己的灵魂'(《诗篇》11:5)。"②这正是奥古斯丁的世俗之城中的爱,也就是奥古斯丁所说的"贪爱",

---

① 奥古斯丁:《论三位一体》,周伟驰译,上海人民出版社2005年版,第232页。
② 同上。

第二章 神圣之爱

即轻慢上帝之爱。爱自己在这个意义上就可以一分为二:爱上帝的爱自己,不爱上帝的爱自己。

那么,这些不爱上帝的爱自己,这些和上帝之爱完全相对立的贪爱包括哪些呢?根据奥古斯丁的自我反思,有三种这样的不义的自爱。实际上也就是三种欲爱:情欲、口腹之欲,以及目欲。第一种情欲指的是身体的欲望,即淫欲、肉体之爱。这是最根本性的贪爱。这也是根深蒂固的积习,它与生俱来,它附着于身体本身,也沉迷于身体本身;有身体就有这种淫欲;同时,它也是灵魂的邪恶,它让灵魂沉浸在对身体的关注中而变得浑浊。淫欲同时占据和主宰了身体和灵魂的两方面,它将人牢牢地闭锁在尘世之中,而将上帝和天国推向远方。从救赎的眼光来看,它是邪恶之首;它也是最难以克服和摒弃的;而克服不了这种淫欲,尘世之人就无法升入天国。

第二种自爱同样是身体的欲望,不过是对食物的贪爱,对食物的贪爱和肉体之爱有一个根本的不同,肉体之爱是彻底的邪恶,它无论从哪个方面而言——无论是身体还是灵魂——都没有任何积极之处。因此,肉体之爱应该彻底摒弃。而食物至少还在维生这方面不可或缺,食欲不可能彻底断绝。

因此,"每天和口腹之欲交战;这种食欲和淫欲不同,不能拿定主意和它毅然决绝,如我对于绝欲的办法;必须执住口腔的羁勒,驾御控纵"①。但是,食物控制到哪个程度,食物在基本的维生要求和超出这一要求的享乐之间的界限难以把捉。无论如何,超出了维生的需要,追求口腹之欲是不必要的。这是危险的快乐,这同样是沉迷于身体的快乐。而且正是这种对酒食的沉迷容易导致对肉体快乐的沉迷,对酒食的沉迷是肉欲沉迷的催化剂。食物之爱和肉体之爱有着密切的关联性,它们的交织的邪恶无以复加。奥古斯丁的同代人格西安(John Cassian)也将淫欲和食欲作为一个纯粹的罪恶对子:"这是两种与生俱来的'天然'罪恶,因而都难以矫治。另外,无论是在产生发展的过程中,还是在最终实现的那一刻,这两种邪恶都会涉及身体。归根结底,两者之间存在着直接的因果联系:沉湎于珍馐佳酿终将激发人们的淫邪之欲。不唯如此,在诸种罪恶之中,淫邪具有特殊而重要的意义。原因可能在于,淫邪同贪食息息相关;或者,它本身就具

---

① 奥古斯丁:《忏悔录》,周士良译,商务印书馆1963年版,第215页。

有独特意义。"①

奥古斯丁的第三种贪爱是目欲。即目光之所爱：美丽形象，巧饰图像，艳丽色彩和物质的辉光，它们编织成灿烂万千的罗网，毫不费力地捕捉了目光。它们的不当在于这些目欲令人醉生梦死、劳神外物、轻浮飘逸，妨碍了对上帝真光的吸收和对上帝虔诚的颂歌。目欲追求的现实之美，是对上帝创造的至美的忽视。它们的美无足轻重。沉迷于此，不过是舍近求远，事倍功半。不仅仅是对外界的表象之美的目欲，还有追求知识的目欲，一种被好奇心所主宰的目欲，一种追求虚幻的目欲，一种实验、试探，一种沉迷于各种奇幻事物的目欲。"我们的心灵中尚有另一种挂着知识学问的美名而实为玄虚的好奇欲，这种欲望虽则通过肉体的感觉，但以肉体为工具，目的不在肉体的快感。这种欲望本质上是追求知识，而求知的工具在器官中主要是眼睛，因此《圣经》上称之为'目欲'。"②这样以知识为目标的目欲同样令人心神不定、思想涣散、步伐踌躇，它偏离了通往上帝真理的永恒道路。我们正是

---

① 福柯：《为贞洁而战》，载《自我技术：福柯文选Ⅲ》，汪民安编，北京大学出版社2016年版，第26页。
② 奥古斯丁：《忏悔录》，周士良译，商务印书馆1963年版，第219页。

在这里看到了奥古斯丁对苏格拉底的批评。对于后者而言,追求知识的欲望,对智慧和真理的爱欲,才是至高和最美的爱欲,才是通向永恒的神圣爱欲。但是,对奥古斯丁来说,这样的目欲不过是对上帝之爱的偏离,是对上帝所表征的永恒真理的偏离。奥古斯丁否定古代的知识之爱,他只承认绝对而唯一的上帝之爱,以及在这个神圣框架下派生的邻人之爱。

所有这些,都是奥古斯丁所说的贪爱,它们的共同特征就是被感官和身体所主宰,和上帝之爱相对立。"不要随从你的欲情,应抑制你的欲望。"[①]这是一个总的律令。这种背离上帝之爱的贪爱只能将人引向永恒的堕落。因此,消除这些贪爱就成为救赎的必要条件。但如何消除和根断它们呢?奥古斯丁和格西安的方式不一样。对奥古斯丁来说,人无力消除这些贪爱,只有依靠上帝来完成这个任务,更恰当地说,只有借助上帝的圣爱,借助上帝无所不在的力量才能彻底地消除贪爱。如果说,目欲和食欲还可以凭借人的意志来克服的话,那么就人的淫欲而言,似乎只有凭靠上帝来克服它。人可以控制自己的部分淫欲,在白天,在清醒的时候,在意

---

① 奥古斯丁:《忏悔录》,周士良译,商务印书馆 1963 年版,第 213 页。

识到自我的时候,人可以和自己做斗争,从而抑制自己的欲望。但是,在夜晚,在沉睡的时候,贪爱就悄悄地在梦中倔强地浮现,这让觉醒的人羞愧难当,以至对淫欲这种恶魔感到深深的无力。人无法控制自己的梦境。在梦中就像是另一个人一样。"我醒时所不为的事情,在梦中却被幻象所颠倒。主、我的天主,是否这时的我是另一个我?为何在我入梦到醒觉的须臾之间,使我判若两人?"[1]奥古斯丁承认,人无力战胜这些身体本身携带的欲望。人只能将自己全然委托给上帝,人能成事只是上帝对他的恩宠,人只能对上帝充满完全而绝对的爱,只有人和上帝之间的圣爱的无限循环,只有上帝对人的无限圣爱,才能驱逐人自身的贪爱和淫欲。因此只能无限地祈祷上帝:

> 全能的天主,是否你的能力不足以治愈我所有的痼疾,还需要你赋畀更充裕的恩宠才能消灭我梦中的绮障?主啊,请你不断增加你的恩赐,使我的灵魂摆脱情欲的沾染,随我到你身边,不再自相矛盾,即使在梦寐之中,非但不惑溺于秽影的沾惹,造成肉体的冲动,而且能

---

[1] 奥古斯丁:《忏悔录》,周士良译,商务印书馆1963年版,第211页。

拒而远之。全能的天主,"你能成全我们,超过我们的意想",要使我不但在此一生,而且在血气方刚的年龄,不受这一类的诱惑,甚至清心寡欲者梦寐之中有丝毫意志即能予以压制的微弱诱惑也不再感受,在你并非什么难事。我已经对我的好天主诉说过,我目前还处于这一类的忧患之中,对你的恩赐,我是既喜且惧,对自身的缺陷,悲痛流泪,希望你在我身上完成你慈爱的工程,到达完全的和平,等到"死亡被灭没于凯旋之中",此身内外一切将和你一起享受和平。①

这就是上帝爱人和人爱上帝的意义。奥古斯丁将救赎完全看作这种爱的循环的结果。上帝之爱在这里起着决定性的作用。"你把爱的利箭穿透我们的心,你的训示和你忠心仆人们的模范已镂刻在我们的心版上,变黑暗为光明,犹生死而肉骨。"②只有将自己的全部所爱投到上帝身上,只有将自己完全暴露和沐浴在上帝的爱的光芒中,只有让自己

---

① 奥古斯丁:《忏悔录》,周士良译,商务印书馆 1963 年版,第 211—212 页。
② 同上书,第 161 页。

毫无保留地沉浸在爱的循环中,才可以获救。在这样绝对而彻底的爱的循环中,人丧失和舍弃了自己:既舍弃了他的主动性,也舍弃了他的罪恶。爱是以舍弃自己为前提的。

格西安是以另一种方式来根除淫欲的。跟奥古斯丁一样,他将淫欲看作最大的邪恶,淫欲应该被斩断。但是,他将消除淫欲和贪爱看作人的自我努力,看作自己和自己进行的最残酷和关键的战争。要自己战胜淫欲,就要对淫欲进行仔细的辨析和区分。在他看来,淫欲有三种方式,第一种是性交,第二种是手淫,第三种是意淫。与传统的淫欲划分相比,格西安的划分更加严格和细致。传统的划分是奸淫、通奸和娈童。传统的划分的依据是性交的对象和特质,因为淫欲是现实的性实践行为。而格西安的淫欲概念要严格得多。实际上,他对作为淫欲的性交实践讨论得不多,因为他谈话的对象是僧侣,他们与世隔绝,根本就没有性交的机遇。对僧侣而言,手淫和意淫才是主要的淫欲。而性交毫无疑问是以意淫为基础的。相对于性交而言,意淫更加隐秘,更加本源,更加难以驯服。尤其是梦中的意淫。如果能战胜手淫和意淫的话,战胜现实的性交行为自然不在话下。就像奥古斯丁一样,格西安关注的是梦中的欲望和思维的无意识欲望,它们总是突破理性的缰绳而不屈不挠地涌现。这是最难克制的淫欲。因此,向意淫开战就至关重要:"格西安关注的核心主题有二:一为'污秽不洁'或曰'淫秽'(immunditia),二则是'力比多'(libido)。无论意识清醒还是在睡眠之中,无须身体同他人接触,'淫秽'总能迷惑人的心智,使其疏于防备,最终堕入泥淖。相形之下,'力比多'则主要在人内心渊薮搅动作祟。"[1]格西安精确地设置了对抗意淫的战斗步骤,由易到难一共六个:早醒时克服内在冲动;终止内心的邪念;不为外界尤其是女人所动;清醒时再也不会躁动;提及生殖问题的时候完全看作一个与性无关的身体活动;最后是梦中不再出现性幻想。到这最后一步,邪念彻底消灭,任何刺激和干扰都不再有效力,以至春梦消失,夜晚宁静,人被贞洁全盘笼罩。当然,这样对色欲的战斗不是一劳永逸的,而是永恒的、反复的。它的目标是要彻底根除性欲。这是至高的贞洁,也是一个凡人难以企及的福祉。格西安戒除淫欲采用的方式是福柯意义上的"自我技术",即自己来对付自己,自己将自己

---

[1] 福柯:《为贞洁而战》,载《自我技术:福柯文选Ⅲ》,汪民安编,北京大学出版社2016年版,第37页。

作为客体来对待，自己通过各种方式来将自己转变成一个理想的主体，一个贞洁主体。当然，要获得一个理想主体，同样也得借助上帝来战胜色欲这一恶魔。这和奥古斯丁非常不一样，奥古斯丁将自己完全交给了上帝，或者说，他探讨了自己，然后舍弃了自己。他的忏悔记录就是一个不断地探讨自己、舍弃自己，然后将自己交付给上帝的过程的记录。他最终将自己变成一个空的自己，一个完全信任上帝、听凭上帝支配的自己，一个完全沐浴在上帝之爱的光芒中的被动主体。格西安的不同之处在于，他探讨自己，发现自己，然而是自己改造和修炼自己，是自己和自己做斗争，是自己来战胜自己的淫欲。虽然他也借助上帝来完成这种改造，但这是他自己的改造和上帝工作的合力。上帝的帮助并没有将人完全吞噬，上帝并没有完全操纵人的内心。人的主动性并没有彻底丧失。人不是完全被动地交付给上帝，拯救并不像奥古斯丁那样是在一个封闭性的爱的循环中完成的。

这是格西安和奥古斯丁的差异所在。格西安比奥古斯丁更加接近德尔图良的思想。奥古斯丁是通过爱来消除原罪，这是对德尔图良的偏离。对二百年前的德尔图良来说，对原罪的消除是通过洗礼。德尔图良相信,原罪附着在种子之中一代代遗传,我们是带着原罪出生,我们出生的时候就被污染了,我们先天地具有一种败坏的本性,先天就有缺陷,因此就像孩童一样不知所措、步履蹒跚、迟疑不决。要克服这种自出生以来就有的邪恶本性,要获得基督徒的完美状态和成熟状态,我们就要借助洗礼预备,要经过大量的训练。"我们所必须做的工作,就是成熟、训练、自我完善。我们必须自己成为基督中的成年人、基督徒中的成年人。"[1]要免罪,基督徒要靠自己的努力。不仅如此,在德尔图良看来,所谓的原罪,还意味着撒旦住在我们的灵魂中,洗礼就是要从灵魂中驱逐撒旦,但是,撒旦不会轻易地离开它的位置,它会愤怒和狂暴,因此,洗礼预备不仅意味着要自我训练,而且洗礼的时刻就是要同魔鬼做斗争的时刻,是一个驱魔和战斗的时刻,是一个充满危险的时刻,因而也是一个令人恐惧和紧张的时刻。"当基督徒准备洗礼以及洗礼之后,他从不会放弃恐惧。他必须知道他一直处于危险中。他必须一直担心。……洗礼必须在恐惧之中做好准备,基督徒处于恐惧状态之中。"[2]恐惧和焦

---

[1] 福柯:《对活人的治理》,赵灿译,上海人民出版社 2020 年版,第 163 页。

[2] 福柯:《对活人的治理》,赵灿译,上海人民出版社 2020 年版,第 166 页。

虑就是基督徒的心理状态：他不确定是否能战胜撒旦，因此不确定自己是否能变得纯洁和净化，因此就不确定自己是否能最终获救；但是他绝对不怀疑上帝的真理，不怀疑自己对上帝的信仰，不怀疑上帝救赎的可能。这是基督教的基石。也就是说，上帝肯定会救赎，但是取决于自己是否变得灵魂纯净。因此，他一方面在和上帝的关系中绝对信仰上帝，另一方面在和自身的关系中绝对怀疑自身——实际上我们在这里已经看到了新教的隐秘起源。新教徒所特有的恐惧正是他们对上帝是否能拯救他们的担忧和恐惧，就是从二世纪和三世纪转折时期的德尔图良这里开始进入基督教的。

德尔图良这样的恐惧和焦虑的基督徒显然比奥古斯丁的基督徒更令人压抑。他们知道上帝善行的有效性，尽管上帝慷慨大度，尽管上帝能够慷慨而自由地饶恕，但是，要被上帝拯救，他们更需要自己的修炼，他们必须用功，必须投入，必须辛苦，必须悔改，他们必须锻炼自己同恶魔斗争的能力、技巧和才干，以便获得完全悔改的可能，这是上帝宽恕他们的条件。不修行，不同邪恶斗争，不根除诱惑，不悔改，一定会滑过上帝俯视的目光，也就会错过永恒的真理光亮。也就是说，恐惧的基督徒，只能通过自我的努力,通过真诚的悔改,通过对罪的坚决的涤荡,最终,通过将这种涤荡之后的纯净灵魂彻底地暴露和展示给上帝,他们才能够得到上帝的肯认和救赎,才能获得上帝赐予他们的永恒真理和不朽生命。因此,这种洗礼预备的主动的灵魂修行和悔改就至关重要:它一方面通向自己彻底悔改过的灵魂真理;另一方面将这种自我的纯净的灵魂真理显示给上帝,继而又获得上帝赐予的永恒真理,这就是救赎的程序。救赎需要条件,即自我修炼式的悔改。"不完成悔改就指望宽恕罪恶,这就等于说,不付款就伸手取货,这是多么荒谬、错误的盘算!因为上帝给宽恕定了价:他以无罪向我们要价,交换悔改。"[①]也就是说,自我悔改是宽恕的必要条件,不悔改是不会被上帝免罪的。

对格西安而言,自我悔改,自我对自我进行战争,并不一定能够成功,它还需要借助上帝的外在帮助来完成。灵魂要通过自我努力和上帝的助力才能得到净化。而对奥古斯丁来说,上帝真理的抵达是通过爱来完成的,是通过上帝对人的爱与人对上帝的爱的循环来完成的。在此,不是自我和撒旦进行苦苦斗争,而是人通过对上帝的无条件的爱才

---

① 福柯:《对活人的治理》,赵灿译,上海人民出版社 2020 年版,第 174 页。

可以获得救赎。救赎主要依赖上帝,而不是取决于自身。对德尔图良来说,撒旦借助遗传存在于每一个人那里,撒旦在每一个人那里牢牢地盘踞,撒旦对每个人来说是一种现实性的存在,因此要同撒旦做永恒的现实斗争,要时时刻刻地做斗争。而对奥古斯丁来说,人有罪,但是,这个罪是他继承而来的,这是他过去的罪,这是过去的罪残留在现在的我们这里。我们只要爱上帝,就可以消除、排斥和挤掉这种罪,上帝之爱越是充满我们的灵魂,罪就越是被清除得干干净净。我们越是陷入上帝和人的爱的循环中,这种罪就越是荡然无存。罪,被上帝之爱这种宇宙一样的宽宏之爱所克服和洗刷。人的主动修行难以彻底清除它。对德尔图良和格西安来说,上帝的救助需要借助人的自我技术,但是,对奥古斯丁来说,上帝的救助只需要人对他无条件的无限之爱。德尔图良的上帝没有奥古斯丁的上帝那样宽宏大量。对奥古斯丁来说,即便完全没有能力去克服自己的罪,上帝也不会对人弃之不顾。这样的上帝相比德尔图良需要以悔改来交换救赎的上帝显得更加慈爱:"当我们背负深重的罪恶,回避他的光明,热衷于黑暗,以至于盲目亦即邪恶的时候,上帝决不会抛弃我们,而是把他自己的道,他的独生子,派到我们中间来。他为我们道成肉身而降生为人,为我们受苦。凭借他,我们可以知道上帝珍视人,凭借这种独一无二的祭献,我们可以涤清一切罪恶,凭借圣灵爱的浇灌,我们可以克服一切艰难险阻,抵达永恒的栖息地,品尝到默祷上帝的无比的甜蜜。"[1]上帝的爱何其深邃,何其无私,何其广大,何其无远弗届!这是包容性的宇宙大爱。

这是德尔图良和奥古斯丁去罪化的不同途径,但是,去罪后的基督徒都是一样的贞洁主体,都是要根除享乐和性快乐的主体。但是,这样的贞洁主体,这样的同性欲作战的宁静主体,又是如何完成婚姻和生育这样的事情呢?婚姻和生育难道没有性的欲望在起作用吗?生育如果没有性的冲动又是如何可能的呢?如果反对性欲、禁止交配,那又为什么准许婚姻、鼓励生育呢?奥古斯丁如何处理以贪爱(性)为根基的生育和以圣爱为根基的灵魂纯洁这二者共存的矛盾?如果反对和贬斥爱欲,如果将世间的情欲看作罪恶,这岂不是要反对生育,岂不是将生育行为看作罪恶?显然,基督教反对爱欲,但并不反对生育。上帝造出男女之后,对他们

---

[1] 奥古斯丁:《上帝之城》,王晓朝译,人民出版社2006年版,第301页。

说,"要生养众多,遍满地面,治理这地"①。

奥古斯丁解决这个矛盾的方式,是将怀孕生育和情欲区分开来。也就是说,要让生育脱离爱欲的轨道,让它们各行其是。奥古斯丁是这样论证这二者的分野的:生育行为是一种自然行为,生殖器官的活动就像身体其他肢体的活动一样。为了摒弃情欲概念,奥古斯丁引入了意志的概念。是意志在控制着人的各种器官。对手、脚、指头的控制和对生殖器官的控制是一样的,生殖器官没有特异性,生殖器官去性欲化和快感化了。它是一个纯粹功能性的器官,一个生育器官,一个主动播种和接纳种子的器官。为此,奥古斯丁将生殖器官的活动,将生育过程描述为一种劳作,他说这样一种生殖器官的交合活动是播种,一种没有享乐的播种,一种脱离了自主快感的播种:"为了生育的目的而创造出来的身体器官就会对着'生殖的土地'播下它的种子,就像现在用手在地里撒种一样。"②如果是像在田地里劳作播种那样播下后代的种子,那情欲当然就可以摒弃。

我们看到,这同希腊思想完全相反。对柏拉图

---

① 奥古斯丁:《上帝之城》,王晓朝译,人民出版社 2006 年版,第 621 页。
② 同上书,第 624 页。

来说,性活动绝不可能比拟为劳动,它就是爱的欲望,是情欲行为,是受美的吸引而相互接近的活动,是男女之间因为爱和情欲冲动而相互接近。这是亲密的生育,是基于爱和美的吸引而来的生育。而在奥古斯丁这里,生育完全就是意志支配下的一般性的器官行为。对他来说,使用生殖器官和使用其他器官是一样的,都不要被情欲所搅动;"身体的这些部分不受热流的推动"[1]。他这样描述性活动:"无须欲望的刺激,丈夫就会在心灵安宁的时候把他的种子放入妻子的子宫,而妻子身体的完整性也不会受到任何伤害。"[2]在这里,性似乎只是为了生育而有理由存在的,性行为就是为了播种,就是纯粹像农民播种一样为了收获而完成。如果不是为了将种子放到子宫中,就不应该有性行为;如果不是为了结果,就不会播种。基于欲望的享乐性的性实践应该遭到严厉的抵制。因此,在这样的劳动和播种的行为中,应该心静如水。但是,心静如水又如何能把生殖器官放到阴道里去呢?这就完全靠意志,似乎勃起不是情欲引发的,而是意志决定的,就像意志决定手的抬起,决定脚的移动,决定其他

---

[1] 奥古斯丁:《上帝之城》,王晓朝译,人民出版社 2006 年版,第 628 页。
[2] 同上。

肢体的活动一样。奥古斯丁用意志的动因取代了情欲的动因。如果说,希腊人认为是情欲决定了勃起的话,那么,奥古斯丁则认为是意志决定了勃起。这个勃起剔除了情欲的意味,它也因此是可以接受的。对奥古斯丁来说,人应该为他的爱欲感到羞耻。而古代人恰好是在这种爱欲中感到了神圣、快乐、美和不朽。对于奥古斯丁而言,神圣、快乐、不朽只能来自上帝之爱。所有这些都是在上帝的爱中涌现而来。如果说夫妻之间有和谐的话,如果说这种播种顺利,这种播种能够平静如水的话,那是因为他们都爱上帝。只有对上帝保有忠诚之爱才能达成和谐。生育,作为婚姻的礼物,也是上帝的赐福。器官能够进入对方的身体,也是领会上帝之爱的结果。

生育应该放在上帝的伟大创造这个背景下来看待。基督教只承认上帝和上帝之爱的创造性。万事万物都是上帝的造物。这样,古代所推崇的人的创造性在此被彻底否定了。对苏格拉底和柏拉图来说,爱是创造和孕育,它既孕育了身体,也孕育了知识和真理。通过身体和真理的孕育,爱创造了永恒。但这样的爱是人间之爱,是俗世之爱,即便这种创造的结果具有神圣性——神圣的生命、神圣的真理、神圣的永恒,但是,它们的基础都是人和人之间的爱。这是人的爱的创造。但在奥古斯丁看来,这都属于尘世之爱,是对上帝之爱的否定和偏离,是不义之爱。即便是苏格拉底式的知识之爱,也是一种爱自己的"目欲"。我们可以从这个意义上说,上帝之爱是对世界的否定,对人和人之间爱欲关系的否定,对身体的否定,从而最终是对生命的否定。对希腊人来说,人间的爱欲是对生命的永恒肯定,但是,对中世纪的人来说,人间的爱欲是对生命的永恒否定。只有上帝之爱才能肯定和创造生命。在奥古斯丁这里,人和人之间没有直接的爱欲,他们之间的爱是以上帝作为中介和参照物而达成,而且也只有在这个中介作用下,只有在上帝之爱的框架下,只有在爱被神圣化因此也是去欲望化的背景下,生命才能诞生。生命出自上帝之爱,但是,它要永生,还要借助上帝之爱。

尽管基督教的爱和希腊思想中的爱完全对立,但是,它还是从希腊那里继承了一个爱的观念:唯有爱才能抵抗死亡,才能永生和不朽。这也正是爱的必要性和根据之所在。要获得这种不朽,基督教不过是用上帝之爱取代了古代的肉体之爱和真理(知识)之爱。从异性恋的肉体之爱,到同性恋的知识之爱,到普遍意义上的邻人之爱和最终极的上帝之爱,这是古代向基督教的爱的转向。在这个转向过程中,我们能看到肉体之爱被一步步地克服,爱的对象越来越偏离身体。对希腊人而言,异性之爱和身体之爱从来不是道德恶行,它是必需的,它让人类繁衍,它是自然的深刻要求。因为繁衍的任务至关重要,大自然就要求肉体的交合快感异常强烈,促使人们迫切地渴望性行为,使得人们热衷身体之爱。以快感为根基的身体之爱就是这样的自然要求的产物。正是在这个意义上,希腊人从来没有将身体之爱看作坏事,尤其是在尼采所谓的前苏格拉底的希腊悲剧时代。按照尼采的说法,前苏格拉底的希腊推崇和颂歌身体之爱,身体吟唱的是爱的颂歌,一种狄奥尼索斯式的混乱、粗野、放纵之爱的颂歌。生育和放纵之爱难解难分,它们相互强化,万事万物都在快感的放纵之中孕育。不需要一代一代的延续,只在这样酒神的瞬间纵欲中,就能找到生存的永恒乐趣。"像我一样吧!在万象变幻中,做永远创造、永远生气勃勃、永远热爱现象之变化的始母!"[①]"我们在短促的瞬间真的成为原始生

---

① 尼采:《悲剧的诞生》,周国平译,生活·读书·新知三联书店1986年版,第71页。

灵本身,感觉到它的不可遏止的生存欲望和生存快乐。"[1]感官之爱、酒神之爱就能在无意识的瞬间冲动中获得永恒,爱欲凭借自身就会不朽,爱欲的瞬间就是不朽。在这个世界中,"主体陷入了一种巨大的迷狂状态中,他着魔了一般,激情高涨,狂喜从天性中奔腾而出",巨大的快乐和兴奋统治了他,他的身体处在强烈的动感状态,"整个身体都表现出异常强大的象征能力,他的舞姿表达了一种宣泄般的暴乱节奏、强劲旋律和动人心魄的震撼音调。这种醉感是一种快乐状态,确切地说,'是一种高度的权力感'",这是一种彻底的宣泄。[2] 这既是爱欲的高涨和爆发,是爱欲自身的形而上学,也是悲剧的形而上学的预言曲:

> 在极乐之海的
> 起伏浪潮里,
> 在大气之波的
> 喧嚣声响里,
> 在宇宙呼吸的

---

[1] 尼采:《悲剧的诞生》,周国平译,生活·读书·新知三联书店1986年版,第71页。
[2] 汪民安:《尼采与身体》,北京大学出版社2008年版,第2页。

第二章 神圣之爱

飘摇大全里——

沉溺——淹没——

无意识——最高的狂喜![1]

但是,在苏格拉底这样的希腊人看来,正是强烈的不受约束的快感会让人沉迷于身体的欢爱,带来过度的放纵,会超出人们对繁衍的需求。对于他来说,繁衍的功能任务——无论是子嗣的繁衍还是知识的繁衍——压倒了爱欲的瞬间爆发的自主乐趣。永恒是通过繁衍完成,而不是在爱欲的高潮瞬间完成。不仅如此,性欲是一种可怕的力,会导致暴乱、反叛、放肆和过度。它对智慧、知识和真理充满敌意。因此它既是一个必需的但同时也是危险的力。正是在这个意义上,身体之爱被允许,但是,也存在对它进行节制的要求。狂暴的狄奥尼索斯冲动必须被驯服。"如果像柏拉图所说,对性活动要加以三种最强的约束,即畏惧、法律和真正的理性;如果像亚里士多德所想,让欲望像小孩遵从其老师那样地遵从理性;如果像阿瑞斯提普斯自己所建议的,享受快感是对的,但人们得小心别让快感

---

[1] 尼采:《悲剧的诞生》,周国平译,生活·读书·新知三联书店1986年版,第96—97页。

弄得神魂颠倒——并不是因为性行为是一种恶行，也不是因为性行为可能会背离某种规范，而是因为性行为是与一种力，与一种 energeia 相联系的，这种力本身就易于过度。"①

我们在这里看到，苏格拉底式的希腊理性并没有对性进行道德的谴责，但是，它认为性应该受制于一个限度。性不是一种罪，不应该遭受责罚，性是一种力，要对它进行规范；不是不能满足性欲，而是不能沉迷和放纵这样的性欲；不是不承认性欲导向的生命孕育而产生的永恒，而是单纯这样的生命永恒还不够，还应该有知识和真理的永恒。为了后一种永恒，同时也是为了驯服爱欲的叛乱性的野蛮力量，为了确保身体的健康和安全，希腊人就采用了一系列的自我技术来控制自己的快感使用和身体使用。他们不贬斥和否定身体，而是节制身体。他们让知识之爱来节制身体之爱。希腊人并不否定同性之爱，就是因为这里更多体现出知识之爱，知识成为爱的重心和对象。身体之爱受到知识之爱的削弱。这样，知识和身体之间有一种并不激烈的冲突。似乎只有对身体爱欲的克制，只有对快感

---

① 福柯：《性史》，张廷琛、林莉、范千红等译，上海科学技术文献出版社 1989 年版，第 207 页。

的节制,才能通向智慧和真理。在这种以真理为目标的爱情关系中,无论是年少男孩还是年长的男人都可能表现出一定程度上的身体克制,或者说,知识的乐趣抵消了性的乐趣:"在性行为的兴奋当中,男孩并不像女人那样,和男人共同分享这种兴奋,而是在性行为中清醒地旁观着其爱人的沉醉。出于这个原因,如果他心中升起对其爱人的轻蔑之感,丝毫不令人感到奇怪。"① 对于年少的男孩来说是这样,对于成年的男人来说同样如此。苏格拉底在《会饮》中就是这样的一个形象:无论年轻的阿尔喀比亚德如何诱惑他,他都不为所动,他所特有的真理意志压倒了他的身体冲动。苏格拉底是"一个人人都想接近的人,人人都迷恋的人,人人都想拥有他的智慧——这种智慧恰恰在他不为阿尔喀比亚德俊俏的美貌所动的事实中得到体现和证明"②。智慧恰恰是在对身体爱欲的轻视中获取和得到证明的。

但是,到了德尔图良这里,进一步到了奥古斯丁这里,对身体的合理节制变成了对身体的残酷战

---

① 阿兰·布鲁姆:《爱的阶梯:柏拉图的〈会饮〉》,秦露译,华夏出版社 2017 年版,第 59 页。
② 福柯:《性史》(第一、二卷),张廷琛、林莉、范千红等译,上海科学技术文献出版社 1989 年版,第 176 页。

争，身体有限度的享乐变成了身体无限度的苦行；快感的使用技术变成了快感的禁绝技术；一个无辜的身体变成了一个有罪的身体；灵魂的贞洁取代了身体的快乐。对希腊人来说，因为大自然要生育，大自然将快感赋予身体的交合，是快感在驱动交合，从而导向生育。但是，在奥古斯丁看来，是上帝要生育，上帝让身体播种。身体的交合动机不是来自快感的驱使，不是来自自然的迫切要求，而是来自上帝的意志，是上帝赋予人交合的意志。交合是一种没有快感的身体行为。交合不是出于身体之爱，而是出于上帝之爱。身体之爱在这里不是遭到知识之爱的节制，而是遭到上帝之爱彻头彻尾的否定和贬斥。

我们在这里，就能理解为什么尼采将狄奥尼索斯看作十字架上的耶稣不共戴天的敌人。苏格拉底站在他们之间，他的知识之爱，一方面并不绝对否定身体之爱，另一方面又试图让它变成永恒的神圣之爱。苏格拉底在酒神身体和奥古斯丁神圣之爱之间平衡地撕扯。他不完全和他们对立，但是，他和二者之间也充满冲突：他对酒神有一种辩证的否定，但是他又被奥古斯丁所辩证地否定。苏格拉底以理性知识否定了狄奥尼索斯的身体迷狂，奥古斯丁则以上帝之爱否定了他的知识迷狂(目欲)。苏格拉底,就此撑起了狄奥尼索斯与耶稣之间不可调和的巨大张力。这样的张力,被狄奥尼索斯的现代替身尼采继承下来,尼采宣称要用血书在墙上一遍遍地书写:敌基督。而另一种张力,苏格拉底和基督教的张力,早在二世纪的德尔图良那里就提出来了:雅典和耶路撒冷,有何关系?

第三章
尘世之爱

这是维克多·雨果的话,我们将它拿来谈论谈论文艺复兴的爱的观念最合适不过了:

> 啊爱情,你有伟大的力量;你独自就能将上帝从天上拉到地面。啊,你的纽带多么强韧,连上帝也挣脱不了……你用纽带将他绑缚至人间,身上带着你爱情之箭的创伤……你射伤了他的不坏之躯,你缚住了他无敌之体,你将他这肖然不动者拖了下来,使永恒俯就了凡人……啊爱情,你的胜利多么巨大![1]

---

[1] 转引自荣格:《转化的象征——精神分裂症的前兆分析》,孙明丽、石小竹译,国际文化出版公司 2011 年版,第 58 页。

雨果的这段话像是对彼特拉克的评述。不过这胜利来之不易。我们可以看到新时代的人物彼特拉克的挣扎。一千年前的奥古斯丁还顽强地盘踞在彼特拉克这里。彼特拉克像是模仿柏拉图的对话一样,也虚拟了一个对话,但对话的主人公和导师不再是苏格拉底,而是圣奥古斯丁。这是奥古斯丁和一个叫弗朗西斯科的人的对话。一般认为,这个弗朗西斯科就是彼特拉克的替身。这个对话就是彼特拉克和奥古斯丁的对话。

在这个对话中,奥古斯丁指出弗朗西斯科自己给自己锁上了两条锁链,一条是爱情锁链,一条是荣誉锁链。弗朗西斯科对此不以为然,他是以针对和反驳奥古斯丁的方式来论述他的爱情观点的。这是一个辩护式的陈述。就像《会饮》中的泡赛尼阿斯一样,他指出了根据对象的差异而有两种不同的爱,一种是坏的爱,一种是崇高的爱,爱上名声败坏的女人就是坏的爱,爱上具有美德的女人就是好的爱。第二种爱是"再美不过的了"[①]。而他爱上的女人就是一个品性高尚、灵魂纯洁、举止优雅、容貌美丽的完美无缺的女人,正是因为这样的爱,正是

[①] 彼特拉克:《秘密》,方匡国译,广西师范大学出版社 2008 年版,第 94 页。

这样一个完美的爱的对象,带给了弗朗西斯科所有的益处:美德、知识、勤奋,以及对荣誉的不倦追求。因此,他的爱至美至极,"没有任何卑鄙、任何可耻、任何可指责之事"[①]。我们在这里很快就能想起《会饮》中几个人对爱若斯的尽情颂歌。爱和美恰当地融合交织在一起。这不仅仅是身体之爱,还是灵魂之爱,灵魂之爱比身体之爱更加重要。这样的爱会激发最好的效果。这就是弗朗西斯科的爱的真理,绝不能动摇。而奥古斯丁则不断地斥责弗朗西斯科这样的爱是卑鄙的,弗朗西斯科正在画上爱情的罪恶界限:弗朗西斯科从爱中所得到的一切恰恰使他误入歧途。与其说女人使他获得了一切,不如说这个女人使得他失去了一切,女人能够让他成为一个人,但也让他失去了成为更好的人的可能性。女人给了他一些微不足道的好处,但是也将他带到了一个危险的悬崖,将他推向了深渊。这种相互激情之爱,是一种病态欢愉,它多愁善感,它不时地让你饱含孤寂,吞噬伤悲,泪水涟涟。它不是让你狂欢就是让你哀悼,不是让你嫉妒就是让你疯狂。它主宰了你的生活的光明与黑夜。因此它也充满邪恶,

---

① 彼特拉克:《秘密》,方匡国译,广西师范大学出版社 2008 年版,第 100 页。

这一切,都因为"她将你的注意力从对神圣事物的热爱转移开,把你的心智从造物主那儿移至受造物。这条路比其他任何一条更快地导向死亡"①。只有上帝之爱才能保证不死。

显然,这还是上帝之爱和尘世之爱的对立,二者不可相融,尘世之爱一定会偏离上帝之爱。"没有什么比爱上现世之物更能让人忘记和藐视上帝的了,特别是那种被称作爱情的情感,人们甚至给了它一个天神的名字(此乃最亵渎之事)。"②而彼特拉克的错误或者邪恶则是将爱的秩序颠倒过来了。他反驳奥古斯丁说,爱这个女人会增长上帝之爱。女人之爱、尘世之爱和上帝之爱不矛盾。可以同时进行尘世之爱和上帝之爱。或者说,上帝之爱并不否定尘世之爱,它们甚至可以相互加强。而奥古斯丁则认为这种暴烈的爱情"最大的不幸,便是它让人忘记上帝和(不幸的)自己"③。它只能摧毁人本身,让"青春的花朵过早凋零",让人"头脑混乱",让"声音因悲伤而嘶哑黯淡",让"话语断续结巴"。④

---

① 彼特拉克:《秘密》,方匡国译,广西师范大学出版社 2008 年版,第 104 页。
② 同上书,第 109—110 页。
③ 同上书,第 113 页。
④ 同上书,第 111 页。

爱情令人精疲力竭,爱情之火将人灼烧,爱,就是一场疾病。因此,弗朗西斯科应该从这种爱情的监狱中逃跑。他应该换一个环境从而获得康复。

这是奥古斯丁对弗朗西斯科的教诲。弗朗西斯科在这样的教诲面前犹豫不决,他不像刚开始那样确信自己对爱的信念。他看起来同意奥古斯丁对爱情经验的描述,但他不知道如何是好,他无法从这种爱中解放出来。因为他不可能再去爱另一个女人,不能用一种即将可能的爱情驱赶现在的爱情。因此,逃离此地的环境也许无济于事。奥古斯丁将自己看作弗朗西斯科的医生,他建议弗朗西斯科先治好自己的灵魂,先让灵魂离开这个旧爱的处所,灵魂治愈了,逃避式的身体旅行才会有效。而且应该逃到有人群的地方,不要在偏僻的乡村追求孤独。孤寂只会让情感危险地萌发。奥古斯丁在这里开的治愈爱情的药方是西塞罗的:"有三件事物能使人抛开爱情——饱足、羞耻心和沉思。"[1]尤其是羞耻心和理性的沉思。羞耻心和爱情格格不入,羞耻心的限制可以对抗爱情的刺激,一个老年人的灵魂应该和他衰老的躯体一样枯萎,这样,他

---

[1] 彼特拉克:《秘密》,方匡国译,广西师范大学出版社 2008 年版,第 125 页。

就应该抛弃那种年轻人所特有的空虚的享乐的爱情生活。他应该为灵魂还沉湎于爱情——不管是爱一个年轻的姑娘还是爱一个年老的女人——而感到羞耻,他应该做他的年龄该做的事情而免于嘲弄和耻辱。而理性的沉思是另一副驱逐爱情的良药。理性沉思可以找到各种各样的理由摆脱爱情:人生短暂,如果抛开爱情,你可以少受情感的折磨,可以少受旁人的嘲弄,可以更多地投入事业,可以获取更大的成就,更重要的是,你不会被"从上帝的爱中拉开"①。不应该对一个女人投入如此的爱情:"你必须用虔诚的祈祷向天堂进攻,你必须用祈祷使天主的双耳疲惫。勿让每一天每一夜白白度过,空做不含泪的祈求。望全能的主怜悯你并结束你的苦难。"②

弗朗西斯科怎么回答的呢?"我感觉自己很大程度上已经卸下重负,尽管尚未完全摆脱。"③他卸下的是什么重负呢?而且没有完全卸下,没有完全摆脱。无论是不是爱情的重负,我们只能说,奥古斯丁并没有彻底说服他。弗朗西斯科还是没有完

---

① 彼特拉克:《秘密》,方匡国译,广西师范大学出版社 2008 年版,第134 页。
② 同上。
③ 同上书,第 135 页。

全相信他。他们在争论中各自说出了关于爱的观点。他们的观点是借助辩论呈现出来的,不过这种辩论没有任何的确定结果。这是不了了之的辩论,我们没有看到两人的一致意见。这种辩论跟《会饮》不同的是,《会饮》是同代人的辩论,是多人的辩论,是同一个时代更丰富、更多样的对爱的立体陈述。而《秘密》这种两人对话,实际上是一个古今辩论,是古代、基督教和现在的一个历史性辩论;是苏格拉底与西塞罗、奥古斯丁以及彼特拉克本人横跨了将近两千年的辩论。这里的奥古斯丁和基督教的奥古斯丁并不完全等同。他是西塞罗化的奥古斯丁。而彼特拉克的代言人弗朗西斯科是今天的人物,但是这个今天的人物,这个彼特拉克身上在某种程度上流淌着希腊的血液。正是由于现在的他和希腊人的融合,一个全新的爱的观念出现了。

彼特拉克体现了怎样的新的爱的观念呢?或者说,他表达出怎样的对古代人来说完全陌生的爱的观念呢?首先,弗朗西斯科爱上的是一个完美的女人,而且这个女人教导了他,帮助了他,在某种意义上,成就了他,他爱上了一个老师式的女人,因为这个女人在他"心中播下美德弱小的种子",驱走他"年幼灵魂的无知",迫使他"追求更高的目标",总之"我的一切所得都源于她"。① 这是女人通过爱来塑造一个年轻男人。女人处在一个支配地位,无论是容貌、知识、智慧还是品性。相比这个女人,这个男人自称愚蠢和邪恶,他自己诅咒自己,他需要女人的教育。更重要的是,女人能够教育男人。这是属于新时代的观点。在古希腊,这样的包含着教导的爱,通常是在一个成熟男人对男童的爱中出现的。就像苏格拉底对阿尔喀比亚德所做的那样。我们看到,同样是通过爱去学习,去获取真理和美德,但是,现在,不是从一个成熟的男人那里去学习,不是在和男人之爱中去进步。无论如何,女性在这里是一个不可思议的显赫存在,她不再是一个匿名者,一个男性的匿名对象,也不再是个单纯的生育者,也不是阿里斯托芬所认为的男人的一个补充者,一个失散的另一半,而是一个教育者、引导者、拯救者,"拯救我免于堕落尘世","鼓舞我无精打采的心灵","唤醒我萎靡的精神"。② 这个女性的形象非常具体,她的行为举止和道德操守无可挑剔,她是一个坚定的榜样。她不仅仅和男人处在一

---

① 彼特拉克:《秘密》,方匡国译,广西师范大学出版社 2008 年版,第 101 页。
② 同上书,第 102 页。

个平等的爱情关系中,还在这种爱情关系中处在支配地位。哪怕她已亡故,她还可以如此地栩栩如生:

> 如今出现在我的床前和梦乡,
> 她光彩照人,我鼓起勇气看她一眼,
> 她仁慈地坐在我的身旁。
> 用她那我多年来向往的纤纤细手
> 擦干了我的眼泪,用她那甜蜜的
> 人间听不到的话语安慰我的心房。
> "你不要哭了,难道哭得还少?"她这样
> 说着,"失望不能给有才华的人带来欢乐;
> 你要活下去,就好像我还没死一样!"①

女性像一个老师一样抚慰像一个孩子一样的男人。她因为完美而被男人无限颂歌,就像苏格拉底因为智慧而被年轻男人无限爱戴一样,就像基督教的上帝因为至善而被人无限颂歌一样。现在,是一个女人占据了这样一个苏格拉底或者基督所曾占据的核心位置,她因为完美,而被学习、追逐、爱

---

① 彼特拉克:《歌集》,李国庆、王行人译,花城出版社 2000 年版,第 447 页。

慕和颂歌。这样一个女性在但丁这里也同样存在:"神圣的女人呀!你的口若悬河淹没了我,温暖了我,使我的精神焕发,我的深情也不足以报答你的恩惠。"①这和彼特拉克的放声赞美如出一辙。正是一个叫贝雅特丽齐(Beatrice)的女人在引导但丁,正是女人将但丁引领到高处,将但丁带入天堂,正是女人掌握了真理:"在一个真理之足下又生一个疑问;真理与疑问互为滋养,自然一步一步把我们推进到绝顶。这种缘由鼓励我,可敬的女人呀!向你再发一个新的问题,这个真理对于我还是黑暗得很。我愿意知道:假使一个人违背他的誓愿,他后来做了别的善事,这善事在你的天秤上并不算轻,他可以叫你满意么?"②这也是彼特拉克的女人对彼特拉克做的事情,他们的不同之处在于,彼特拉克也被引领到高处,也被引向真理,但是,没有被引入天堂。同但丁相比,彼特拉克对天堂的兴趣减弱了。

这是爱的对象和方向的变化。另一个全新的观点是:爱的目的也发生了变化。无论是希腊人还是基督徒,爱的根本目标就是不朽,就是克服死亡。

---

① 但丁:《神曲》,王维克译,人民文学出版社 1997 年版,第 348 页。
② 同上。

希腊人是将爱作为生育的手段来克服死亡,男女之爱生育一个新的身体,男人之间的爱生育一个新的真理,这两种爱结合在一起就是让新的真理有一个新的身体来接纳,从而一代代地传承下去。这两种爱缺一不可,它们相互补充。单个人的不朽和整个人类的不朽,单个人的未来和全人类的未来,就通过这两种类型的爱结合在一起。基督教的爱是死后复生的唯一通途,爱的目标就是让人在另一个空间和另一个时间永活。但是,彼特拉克的爱呢?彼特拉克不是将爱看作活的手段,对于前人而言,爱是为了活,但是,彼特拉克完全相反,对于他来说,活是为了爱。爱是活的目标,如果不爱,就宁愿死掉。他对奥古斯丁说:"若您逼我去爱另一个女人,而把我从她的爱中释放出来,您是在制造一种不可能的处境。一切都完了,我不如死了。"[1]这是为爱而死。爱是生命的最高目标。活着的意义就是爱。爱不是通向天堂之道,爱本身就是天堂。"从她那里,我可以想象天堂般的生活。"[2]爱是自己的目的。或者说,现在,爱的意义就在于爱本身,如果说真有

---

[1] 彼特拉克:《秘密》,方匡国译,广西师范大学出版社 2008 年版,第 116 页。
[2] 同上书,第 99 页。

什么不死的话,不是人不死,而是爱本身不死。不是通过爱获得永恒,爱自身就是永恒的。"正是她的美德让我热爱,而这永不死去。"①

如果爱不是通向永生的途径,那现在的个人如何面对和克服死亡呢?注定的一死如果没有复活或拯救的手段,不是令人恐惧吗?我们可以将这当作基督教的逼问。当奥古斯丁这样逼问弗朗西斯科的时候,后者提到了很多伟大先贤(皇帝或者诗人)有关白发的诗文或故事。这是对衰老和死亡的感叹。对彼特拉克来说,死亡是不可避免的,他没有提到复活和永生的可能,没有提到延续生命的可能。他这里提到有关白发的诗文和故事的目的在于指出,降临的死亡是令人恐惧的,但是,这些伟人同样会白发苍苍,同样会被死神扼住咽喉,这些伟人同样有过死亡的哀叹,这些伟人同样有自身的残缺。如果是这样,如果死亡的闪电会袭击每一个人,那么我被它的闪电一击又有何妨?这是一个新的对待死亡的态度,不是用爱的手段来抵消死亡的严酷,而是用先贤的榜样来抚慰死亡的焦虑。不是战战兢兢地拒绝死亡,而是心平气和地接受死亡。

---

① 彼特拉克:《秘密》,方匡国译,广西师范大学出版社 2008 年版,第 100 页。

如果不是死后找一个延异之物或者一个延异空间，如果承认自己终将死亡，如果承认活着只有唯一的一次，那么，这唯一一次的活着的最高意义，就是去爱。生命会死，但是，爱，永不死去。

正是基于这一点，我们看到，男女之爱的罪的观点已经被根除了。如果爱是生的最高意义，那么赋予爱的罪的观点就被颠覆了。在《神曲》中，屈服于爱欲的男男女女还是被罚入地狱，但是，当但丁在地狱中听到这些啜泣的幽魂的哀鸣时，他"心头忽生怜惜，为之唏嘘不已"[1]。当他听到一对恋人因为同时看一本恋爱故事书，被故事所感动而情不自禁颤抖着接吻并因此也被罚入地狱时，他"一时给他们感动了，竟昏晕倒地，好像断了气一般"[2]。他被这样一个源自人性的情感冲动深深地震撼。男欢女爱还是罪，他们应该待的地方是地狱，但是，这样的判罚让人觉得不公。对爱的惩罚让但丁困惑不已。他的昏倒在地就意味着他对这样的处罚的震惊和迷茫。这是但丁对爱进行去罪化的开端。而在彼特拉克这里，上帝之城和尘世之城、上帝之爱和尘世之爱的对立应该被废止。男女之爱和上

---

[1] 但丁：《神曲》，王维克译，人民文学出版社1997年版，第22页。
[2] 同上书，第23页。

帝之爱可以相互强化。上帝之爱也许占有爱的最高等级，但是，男女之爱绝不可以为了上帝之爱而自我牺牲、自我中断，它绝不应该受到地狱的惩罚。

而从奥古斯丁的角度来看，彼特拉克除了必须摒弃邪恶之爱即男女之爱外，还应该摒弃另一种荣耀之爱。它们都妨碍了上帝之爱。也就是说，在这个对话中，存在三种类型的爱。什么是爱荣耀呢？奥古斯丁引用西塞罗的两种说法：一是"因良好地服务于自己的同胞、国家或整个人类而得到的名誉"，另一种"荣耀是公众对一个人长期的褒扬"。[①] 对彼特拉克来说，获取追逐这样的荣耀，就是全力以赴地投入写作，在词语的缤纷花园中摘取最美的花朵来表达自己的思想。因为渴望泽被后世的名誉，彼特拉克就从事这样浩大的多样性的写作工程。这是书籍挣得的荣耀。我们看到，彼特拉克的荣耀之爱非常接近苏格拉底的知识之爱。在希腊人这里，知识和真理可以一直流传，可以通过书写流传，可以通过书写而不朽。名声持久流传就是不朽。这是希腊人智慧之爱和知识之爱的目的所在。

---

① 彼特拉克：《秘密》，方匡国译，广西师范大学出版社2008年版，第135—136页。

而彼特拉克同样最看重的是他的写作，他最担心的是死前没法完成他的著作。他对自己的名声如此看重，如果书没写完的话，"不愿让它由别人完成而决定亲手烧了它"①，只有这样才能捍卫自己的名声。这是他的荣誉之爱，实际也是他的书写之爱，是他追求真理、追求知识之爱。荣誉就是靠写作，靠知识的传播和真理的宣讲而获取的。

因此，他的两种爱——男女之爱和荣誉之爱是希腊人的爱的回声。苏格拉底和柏拉图讨论的就是这两种爱。但是，彼特拉克也悄悄地做了改变。这两种世俗之爱，都不是像希腊人那样为了追求不朽的目的而存在的，都不是为了对抗死亡而存在的。彼特拉克的荣誉之爱，也让它在此发生作用，他并不想把荣誉建立在身后，并不想将荣誉和不朽挂钩。不朽的荣耀只能在天堂中获得，世俗的荣耀不可能永恒。"坟墓和石刻的墓志铭，不久都将毁灭。"②"我很确信当一个人活着的时候，他必须追求此生足以期待的、合理的荣耀，那比之更大的荣耀则等我们到达天堂便得享受，到那时我们不再惦记

---

① 彼特拉克：《秘密》，方匡国译，广西师范大学出版社 2008 年版，第 138 页。
② 同上书，第 145 页。

着尘世的荣耀。"[1]而且,就像奥古斯丁所认为的那样,书籍的毁灭也不可避免。这是人的第二次死亡,是不朽愿望的挫败。书写生活不过是徒劳的耗损光阴。彼特拉克像希腊人那样同样表现出对写作和知识的热爱和追求,但是已经偏离了希腊人追求知识的永恒目标,就像他推崇的男女之爱同样偏离了希腊人的生育目标一样。显然,现世是短暂的、有限的,此世的男女之爱和荣誉之爱同样是有限的。这样,被奥古斯丁排斥掉的两种希腊之爱——两种尘世之爱重新回到了彼特拉克这里,彼特拉克重温了它们,重新安置了它们,重新将它们和上帝之爱并置,他让两种希腊之爱与上帝之爱和睦共处。这三种爱不是排斥和斗争得你死我活的关系,它们是层次不同但性质类似的亲密关系:"我把歌颂劳拉的话语和诗章/作为用来祷告上帝时的赞美和颂扬。"[2]但是,他斩断了希腊人这两种爱的永恒目标。爱的永恒只能归属于上帝之爱。这就是他的爱的地形图:三种爱友好地叠拼,但是,世间的荣誉之爱和男女之爱并不永恒,只有上方的上帝

---

[1] 彼特拉克:《秘密》,方匡国译,广西师范大学出版社 2008 年版,第 142 页。
[2] 彼特拉克:《歌集》,李国庆、王行人译,花城出版社 2000 年版,第 444 页。

之爱才是永恒的。不过,彼特拉克的独特之处在于,他和前面的古人都不一样,他似乎并不想追求永恒,他只是满足于这两种尘世之爱。"我并不想变作神祇,拥有永恒的生命或拥抱天堂和大地,人类的荣耀对我来说已然足够;作为凡人,我渴望凡俗之事。"①"许多重要的事物,尽管凡俗,但还是需要我去关注。"②爱,就这样第一次斩断了永生和不朽的目标。如果是这样的话,这三种爱并不因为是否永恒而区分出高低。就像两百年后提香在《天上之爱与人间之爱》中所画的那样:不同的爱,无论是神圣之爱还是世俗之爱,无论是永恒之爱还是有限之爱,她们并没有高低之分。她们在同一个平面上比肩而坐:纯洁、赤裸、毫无牵挂的天上之爱试图接近人间之爱,而那略带愁容、内心世界像她的衣裙一样复杂曲折的人间之爱沉浸在自己的世界中,她对天上之爱的垂青毫无兴趣、毫无感知。她自己的凡俗之爱似乎让她陷入困惑。她沉浸在自己迷茫的爱的世界中。

如果没有一个永生的未来目标,男女之爱的目

---

① 彼特拉克:《秘密》,方匡国译,广西师范大学出版社 2008 年版,第 139 页。
② 同上书,第 152 页。

标就是爱本身,就是试图让有限的爱本身获得永恒,就是沉浸在爱的内在性中。那么,荣耀之爱的目标是什么呢？著书立说的目标是什么呢？既然"我追求世间的荣耀,同时知道自己和那荣耀都将腐朽"①,那么,为什么还要爱这荣耀呢？或许,这荣耀就是西塞罗所讲的"服务于自己的同胞、国家或整个人类"。具体地说,彼特拉克是为了意大利而写作,为了在对意大利的写作中获得荣耀。他爱上帝,也爱一个独一无二女人,也爱他所栖居其中的庞大的整体性的国家和土地,最终是赞美这片土地上的人民。他的《歌集》既是颂歌劳拉的诗篇,也是颂扬上帝的诗篇,但也是颂歌意大利和人民的诗篇。他以书写和辞章的方式,他以颂歌意大利的方式,来获得荣耀。他也以书写的方式,将上帝之爱、男女之爱和荣耀之爱并置起来。"我的意大利,虽然我的诗章/不能医治你那躯体之上/随处可见的致命的创伤,/但我仍希望我的叹息能使/台伯河、阿尔诺河、波河——/我居住的地方感到欣慰和舒畅。"②同样的诗章同时可以赞美劳拉、上帝,以及意

---

① 彼特拉克:《秘密》,方匡国译,广西师范大学出版社 2008 年版,第 140 页。
② 彼特拉克:《歌集》,李国庆、王行人译,花城出版社 2000 年版,第 186 页。

大利。他们在彼特拉克这里毫无罅隙地携起手来："仁慈的上帝……请你感化和启迪傲慢无情的/战神那颗坚硬固执的心肠。/求你把你的真理,通过我的诗/传播到人间各个地方,虽然/我自己微不足道,并无声望。"[1] 上帝的真理、我的辞章、对意大利和平的祈祷与热爱,以及对劳拉的无穷无尽的眷恋,都在《歌集》的书写中融为一体。这就是书写的荣耀之爱。借助书写,希腊人传递对永恒真理的爱;而彼特拉克则传达出对大地与和平的爱。抽象的智慧之爱转换成了历史的现实之爱。思辨的真理之爱变成了具体的真理之爱。彼特拉克的书写之爱不仅根除了永恒,而且根除了纯粹的知识书写。这不是哲学之爱,而是活生生的土地和生活之爱。书写的荣耀,就意味着要热爱生活和现世,书写不是智慧的炫耀,而是一种迫切的呐喊,对于满目疮痍、四分五裂、战乱频仍的土地,彼得拉克用笔喊出了自己的意大利之爱："和平,和平快些到来!"[2]

《秘密》中这个假托的奥古斯丁和弗朗西斯科

---

[1] 彼特拉克:《歌集》,李国庆、王行人译,花城出版社 2000 年版,第 186 页。
[2] 同上书,第 191 页。

的对话,实际上是彼特拉克的自我对话,既是他和自己的对话,也是他和古人的对话。奥古斯丁并不完全匹配基督教神学的奥古斯丁。这个奥古斯丁还夹杂着西塞罗等人的思想。奥古斯丁的神秘色彩被西塞罗和塞涅卡等罗马思想大大俗化了,尽管他也强调上帝的拯救,强调天堂中的不朽,强调上帝和尘世之间的张力,但是,上帝并没有以一个全能的爱的绝对威权形象出现。上帝和尘世的张力也没有绷紧。奥古斯丁和彼特拉克在谈话时也没有发生尖锐的争执。他们都在试图理解对方和说服对方。可以说,彼特拉克试图对古代思想进行理解,他把它们汇聚过来,让不同的古代思想对话,也让这所有的古代思想和自己对话,让它们来衡量自身、说服自身甚至是影响自身。他的爱的观点就是在和不同的古人的对话中形成的:他重新肯定了希腊的男女之爱,但是,不让这种爱去生育,而是让这种爱获得自主性;他肯定了知识和书写之爱,但是,不让这种爱去进行真理的遗传,而是让这种爱播撒于现实的大地。他承认上帝之爱,但是,他并不试图以此作为通向天堂的通道,他更愿意沉浸于世间之爱和有限之爱:爱女人,爱荣耀(书写意大利而获得荣誉)。

只要和但丁一做对比,我们就能明白,彼特拉克真正揭开了爱的现代性:但丁爱女人(他九岁的时候就爱上了八岁的贝雅特丽齐),但是他更爱天堂。但丁爱荣誉,但是他更爱上帝。但丁会被尘世之爱所击中,他甚至比彼特拉克更纯粹地体会到尘世之爱的魔力。彼特拉克的尘世之爱夹杂了学习和教育,但丁的尘世之爱是闪电般地袭来的,它突然地注入一个空白的身体之中而没有受到任何的浸染。这是绝对的爱本身,这是尘世之爱的完全饱和意义,这甚至是现代浪漫之爱的起源神话。但是,这样洁白而充溢的尘世之爱并没有将但丁的上帝之爱从内心驱逐出去,相反,只有它,只有没有污染的尘世之爱,才能引导但丁走向上帝之爱。这样的纯净的尘世之爱是通往天堂的过道,而不是天堂本身。尘世之爱应该向上升华到上帝之爱。而在彼特拉克那里,尘世之爱和上帝之爱可以互补,可以互相强化,甚至可以在感觉上相互替代而不是升华。彼特拉克这样描述劳拉:"从她那里,我可以想象天堂般的生活。"[1]天堂就在你我的人间。而在但丁这里,尘世之爱——无论它是多么强烈、多么纯

---

[1] 彼特拉克:《秘密》,方匡国译,广西师范大学出版社 2008 年版,第99页。

洁——只能攀升,必须攀升。但丁在尘世中没有抓住贝雅特丽齐,这是尘世之爱的不可能性,是尘世之爱的局限,是尘世之爱不完美的挫败。这种挫败的尘世之爱既是现实的,也是宗教的:在基督教中,完美的尘世之爱是不可能的。这种尘世之爱不登上天堂、不奔向神圣之爱就是它永恒的终结。因此,贝雅特丽齐在天堂等待但丁,并让理性的维吉尔带他穿过地狱和炼狱来到天堂寻找她。尘世之爱的罪恶后果在地狱中已经暴露给但丁了。只有天堂之爱,才可以弥补尘世之爱的缺陷,才可以让尘世之爱完善的同时又让它变得微不足道,才可以对尘世之爱进行否定性的升华。但丁借助维吉尔的理性否定了尘世及尘世之爱,而在克服了维吉尔的理性之后,他终于进入天堂并获得了和贝雅特丽齐的天堂之爱。尘世之爱历经否定终于升华为神圣之爱,它在尘世中的不完美,在天堂中变得完美。

但是,这仍旧不是爱的终点,这还是爱的通道,是通向上帝之爱的通道。在快接近上帝时,贝雅特丽齐不得不突然地离开但丁。尽管离开后的距离非常遥远,但但丁还是能够看见她,"那永久的光从她身上反射出来,绕着她成为一个光圈",这是最后的相互一瞥,贝雅特丽齐"虽然似乎离开我如此之远,但她仍旧微笑而报我以一眼,于是她转向那永久的泉源了"。① 这是爱的完美结局。但丁对她的热切期望,对她的感激、赞美和爱的乞求,她都微笑地领会了。但是,她最终转向了"永久的泉源",即上帝。贝雅特丽齐这是对但丁的告别,但也是一种爱的告别:这是带着爱,领会着爱,接受爱,来告别一种爱。这是用一种充满爱的方式来向爱告别。

现在,实质上的告别来临了,其标志就是贝雅特丽齐看了但丁最后一眼之后,就将目光转向上帝了。但丁是她在转向上帝之前的最后一个爱的目标。而但丁呢?同样如此,能够看到那至高无上的上帝之光,是他"心愿之终点","眼力的终端"。② 此刻,贝雅特丽齐已经在视野之外了,因为"我的眼光全然贯注在他(上帝)上面",面对上帝,但丁"不移动又不分心,愈注视而欲望愈炽烈。一个人注视那种光以后,便不能允许转向别的事物;因为做欲望之目标的善,是完全聚集在那种光里面,在他里面的是完善,在他之外的就有缺失"。③ 这是唯一的光,唯一占据但丁全身的光。它自然会将贝雅特丽

---

① 但丁:《神曲》,王维克译,人民文学出版社 1997 年版,第 491 页。
② 同上书,第 501 页。
③ 同上书,第 502 页。

第三章　尘世之爱

齐的光所遮盖。贝雅特丽齐的光在这光之外,因此也是有缺失的。但丁遗忘了她。事实上,在这最后的遗忘之前,他们已经有过一次彼此遗忘的预示:"我听了她的话,人的心对于上帝从未这般地发生信仰,这般地虔敬,所有我的爱情都被他吸收,就是贝雅特丽齐也竟至被我遗忘了。但是她并无愠色;她反而非常喜悦;她微笑的眼睛放着光辉,使我专一的精神再发散在许多别的东西上面。"[1]现在,上帝出现,这种爱的遗忘再次发生,现实地发生,贝雅特丽齐消失在但丁的目光中。这是因为上帝之光才是本源,它"动太阳而移群星"[2]。贝雅特丽齐和但丁都被上帝之光,这唯一之光源所吸引,他们之间不再有交集了。只有一种光,这光也是上帝之爱。"在他的深处,我看见宇宙纷散的纸张,都被爱合订为一册;本质及偶有性和他们的关系,似乎都融合了,竟使我所能说的仅是一单纯的光而已。我相信这个全宇宙的结我已经看见了,因为我说到此处我心中觉得广大的欢乐呢。"[3]只有上帝之爱,才能让人充实。

---

[1] 但丁:《神曲》,王维克译,人民文学出版社1997年版,第380页。
[2] 同上书,第502页。
[3] 同上书,第501页。

这是上帝的全能之爱，是最后的宇宙之爱，是统辖一切的爱。它同样是以克服但丁和贝雅特丽齐的爱来完成的。上帝之爱的到来以他们的分开为前提。上帝的强光完全吸引了他们、吞噬了他们，以至他们彼此忘却和分离了，尽管分离并不意味着他们之间爱的丧失，就像他们在尘世的分开同样也不意味着爱的丧失一样。但这种爱通过告别的方式瞬间变成了记忆，也因为微笑的告别而变成了对记忆的承诺，而对记忆的承诺又以遗忘为前提。《神曲》就是一个以遗忘和记忆为动力的爱的进阶故事：地狱、炼狱和天堂的上升，在某种意义上也是爱的阶梯式的上升。尘世之爱上升到天堂之爱，再上升到上帝之爱。尘世之爱是根基，没有它就不可能有天堂中的爱，天堂之爱是对尘世之爱的回应、完成和升华；同样，没有升华过的天堂之爱，就不可能有上帝之爱，上帝之爱是天堂之爱的升华，是爱的大全和顶点，是爱的永恒终曲。升华过的爱并不是对先前爱的决绝否定，只不过先前的爱的过渡使命已经完结了。

我们正是在此看到了柏拉图的爱的进阶程序在但丁这里的久远回声。在希腊，真理和灵魂之爱不是对身体之爱的否定，而是以身体之爱为根基的上升。只不过,希腊的终极性的真理之爱,在但丁这里变成了奥古斯丁式的终极性的上帝之爱。但丁全能的上帝之爱看起来同奥古斯丁的宇宙性的上帝之爱一样是包裹一切的。不过,他们有完全不同的爱的秩序。在奥古斯丁这里,只有相互排斥性的上帝之爱和尘世之爱。而但丁却丰富了爱的类型,他有三种类型的爱:尘世之爱、非上帝的天堂之爱,以及上帝之爱。贝雅特丽齐和但丁处在中间层次的天堂之爱,既是柏拉图所缺乏的,也是奥古斯丁所缺乏的。在这里,奥古斯丁绝对想不到,尘世之人因为尘世之爱还能够进入天堂,尘世之人进入天堂之后还可以彼此相爱:如果没有对贝雅特丽齐的爱,但丁就不可能进入天堂。奥古斯丁还想不到,这种尘世之爱是通往上帝之爱的第一步。上帝之爱不是以禁止尘世之爱为前提的,而是以肯定尘世之爱为前提的。尘世之爱的意义,就在于它能够通向上帝之爱。它不是罪,而是一个阶梯和通道。对彼特拉克来说,尘世之爱不是罪,它甚至不是阶梯和通道。它可以自主地嬉戏,它获得了自己的内在性。彼特拉克的爱的观点的意义就在于,尘世之爱,是一个自足的领域。它的激情,它的方式,它的强度,它的话语,它的目标,它的德性,它全部的知识，都慷慨地存在于它自身之内。它并不乞怜神圣之爱和上帝之爱。就像提香画布上的那个凡俗女子，她沉浸在自我的视野和困顿之中而毫不理会神圣之爱。

如果爱完全是自主的话，如果爱本身完全来自人的现实选择的话，那么，爱的突降、经验和失去，也变成一个自主的问题。一旦爱在自己的内在性中运转，它就铲平了神圣超验的一面，就完全局限在人性内部。爱如此地自主，它的目标脱离了社会性的外在框架，甚至脱离了婚姻和生育，爱的目标就是爱。在但丁、彼特拉克和薄伽丘的爱情故事中，几乎都没有涉及生育和婚姻的话题。他们独自生活在绝对的爱情经验中，非婚姻和非生育的爱情中。生育和爱没有关联。彼特拉克和所爱的人没有生育，他和不爱的人才有生育，同样，但丁只在不爱的时候才进入婚姻，他只和不爱的人生儿育女。就此，爱不是通向永恒的手段和媒介。爱的意义就在爱的体验本身。生命的意义也在爱的体验本身。在某种意义上，爱变成了人性的实质。人的特殊本质就是爱，人是因为爱，因为爱另外的人，爱横向的脱离了上帝、脱离了神圣之爱的邻人而存在。准确地说，人是因为爱情而存在的，人的意义就在于他能爱。生命的意义随着爱情的丧失而荡然无存。我们在这里看到了人现在绝对地束缚于人间的爱情。爱,是镣铐,是主宰,是本源。"我的幸福、快乐、忧伤、悲戚、生命和死亡……通通/交到了我的主宰"[1],即,爱神的手掌心。爱如此地重要,如果失去了爱就可以不活了。当贝雅特丽齐病逝后,但丁说,"辛酸的生活已使我心力交瘁,我生命的活力已经完全消退,人们看到我的脸同死人相仿佛"[2],"人世间却是多么令人厌倦,这使我忧心忡忡,心神不宁,因此之故,我召唤死神,愿它成为我亲密温柔的侣伴"[3]。彼特拉克在劳拉病逝之后,也在乞求死亡能解脱他:"如果死亡能够摆脱/折磨我的爱恋之情,/我将毫不犹豫地伸出双手/毁灭我那可憎的躯体和恋情。"[4]而薄伽丘同样如此,他爱的女人并没有死去,而是离开了他所在的地方,到了他难以见到之处,但这也已经决定了他的死活:"你我分开时,我的生命却系于一线,仅由希望勉强维持。"[5]爱变成了人的统治者:这是从十四世纪开始的主题。

---

[1] 彼特拉克:《歌集》,李国庆、王行人译,花城出版社 2000 年版,第 241 页。
[2] 但丁:《新生》,钱鸿嘉译,上海译文出版社 1993 年版,第 91 页。
[3] 同上书,第 95 页。
[4] 彼特拉克:《歌集》,李国庆、王行人译,花城出版社 2000 年版,第 51 页。
[5] 薄伽丘:《爱的摧残》,肖聿译,译林出版社 2015 年版,第 153—154 页。

在绘画领域,在乔托的《哀悼基督》中,一群女人为一个男人的死去而痛不欲生,这个男人是一个宗教意义上的主宰,但也是一个世俗意义上的主宰。是耶稣,但也是一个英俊的赤裸男子;这是基督教意义上的失去,但也是世俗意义上的失去;这是宗教之爱和人神之爱的崩塌,也是人间之爱和男女之爱的崩塌。活着的女人们托着这个死去男人的头,搂住他的脖子,握着他的手,拉着他的脚,她们不放弃他的身体,不和他分开,似乎在努力地将他唤醒,将他留在人间;但也似乎是要追随他而去,她们哀泣的姿态和面孔似乎也在表明她们难以承受这失去之爱,因此也难以存活于世。这是前所未有的因为死亡而崩溃的图画场景。爱是以被爱之人死亡的方式突出的。死亡激发了爱,人因为爱而要死要活。但是在希腊人那里,这样的分离和爱的主题并不陌生,因此,这与其说是十四世纪的崭新开端,不如说是对两千年前希腊的回归。希腊的一个女诗人萨福在两千年前和同性爱人分离时,说得比薄伽丘更动人:

> 坦白地说,我宁愿死去
> 当她离开,她久久地

哭泣;她对我说

"这次离别,一定得

忍受,萨福。我去,并非自愿"

我说:"去吧,快快活活的

但是要记住(你清楚地知道)

离开你的人戴着爱的镣铐"①

但是,如何解开这镣铐呢? 一旦真正地失恋,真正地痛失所爱,有什么办法呢? 爱,折磨人,锁住人,但如何从失去爱的折磨和牢笼中解脱出来呢? 十四世纪表明了四种办法。一种是书写。失恋的人应该写作。通过写作的方式来倾吐自己的心声。从十三世纪开始,意大利人贾科莫·达·连蒂尼就以十四行诗的形式书写爱情。"你的情影一直留在我的心房。/你好比画中人儿一样/我仿佛把你在心中收藏。"②这是爱的直白而浅显的表达。爱似乎脱口而出,自然流畅。这在"温柔的新体"诗派和但丁那里得到继承。到了十四世纪,爱情成为诗歌的重要主题。不仅如此,对爱的写作有自己的文学追

---

① 萨福:《没有听见她说一个字》,载《萨福抒情诗集》,罗洛译,百花文艺出版社 1989 年版,第 57 页。
② 贾·达·连蒂尼:《奇妙的爱情》,载《意大利诗选》,钱鸿嘉译,上海译文出版社 1987 年版,第 1 页。

求。在彼特拉克那里,有一种专门的对爱的回忆和哀悼的书写,它数量庞大,与其说这如此庞大的数量(几百首诗)表明了彼特拉克对劳拉的像江河一样奔腾不息的追忆,不如说,彼特拉克通过这样的大量创作来形成和反复磨炼自己的文体风格和书写格式。这就是成熟的十四行诗的诞生,爱,成为一种文学风格的契机。爱,催熟了诗歌,准确地说,催熟了十四行诗。同时,这种文学风格也全面、深邃和不屈不挠地展示了各种爱的经验。这是爱和文学的相互强化,可以说,失恋催生了现代诗歌,文学是逝去了的爱的第一个补偿和安慰。在但丁的《新生》这里,写好一首爱情诗似乎越来越重要,甚至比逝去的爱情本身还重要。在他的《新生》中,一方面是痛苦和哀泣的爱的抒情,另一方面,他又以散文的方式记录和写下一首诗的心得经验,他不厌其烦地解释他创造一首诗的缘起、他的心境、他的写作手法、他的辞章决断,以及他希望达到的最终效果。这是自己对自己作品的评论。这使得《新生》变成了一个非常独特的文本:散文式的评论和诗歌式的抒情轮番交替。也就是说,但丁对自己的爱情诗的文学品质赋予了同它所表达的爱一样的重要性,他不仅希望他的爱能够永恒,而且也希望他的文学创作能够永恒。事实也是如此,他在意大利崭露头角,不是因为他的爱,而是因为他的爱情诗。爱情诗应该感谢他的爱,哪怕是失败的,令他以泪洗面、形容枯槁的爱。爱逝去了,但是可以在这失去中获得文学的补偿:写出一首关于爱的妙诗,几乎就是一种对失去的爱的治愈。失恋会有一个丰满的文学结晶。对薄伽丘来说同样如此,他的长篇叙事诗《爱的摧残》就是因为所爱之人要离开自己而写的,就是献给这个离开自己的爱人的。但是,他的写作方式是托喻,他对一个希腊神话中的爱情故事进行再创造,将自己和所爱之人,将他们的爱情经验融于这个神话故事中,就像是让自己的爱情如同一个神话一样永恒地流传。爱试图通过隐喻和曲折的文学方式,试图通过一个永恒的神话而变得永恒。失去的爱以神话/诗歌的方式得到补偿。《新生》《歌集》,在某种意义上还有《神曲》,都是这样的产物。这就是爱和文学的多样性的补偿关联。这是十四世纪开创的一个爱情诗歌的伟大传统。这也是爱的诗歌绵延不绝的原因。直到数百年后,诗人们还试图让诗歌的美妙成就来补偿和抚慰失去的感情:"若我们再次相见/事隔经年/我该如何贺你?/以眼泪/以沉默。"[1]对于十四世纪而言,我们差不多同样可以这样说,如果失去了爱情,我们如何补偿?以文学,以诗歌。

这是文学(成就)化解失恋的方式之一。还有一种方式是,但丁和彼特拉克在笔下重建自己和所爱之人的在场:要么是对过去在场的再现,要么是一个想象性的在场,一个虚构的复活。爱情的开始、经过和结尾都以充满强烈情感的词语记录下来。这是叙事,也是抒情。诗,力图让爱情复活,让曾经的爱情铭刻在纸上永在,似乎这爱情不可能逝去,一旦发生过就会永恒,逝去了也会永恒。或者说,在这些诗的永恒中,你会发现,爱如果真要获得永恒,它就必须逝去,逝去是永恒的条件,这就让逝去变得不再那么令人忧伤。爱情的逝去总是有它的价值,也有它的慰藉。既有书写和文学的慰藉,也有纪念碑式的不朽慰藉。书写可以作为逝去爱情的补偿就此有两个意义:一方面诞生了杰出的文学作品,另一方面也让这种文学作品永恒地记载了曾经的爱情。爱情不仅被诗歌永恒地记载,但丁和

---

[1] Byron, *When We Two Parted*. // *Selected poems of Lord Byron*, Wordsworth, 2006, p. 781.

彼特拉克还通过诗歌的方式进行情感倾吐，诗句就像是情感的强力倾泻，失恋者将自己的痛苦、伤悲和思恋从身体中排挤出来，书写将痛苦从身体中一句一句地清空，让那黑色的难熬的夜晚变得平静。就此，诗句成为一种治疗和排遣。

第三种解开爱的镣铐的方式是旅行。这在罗马诗人奥维德那里就已经作为最重要的治愈失恋的方式提出来了。"治疗爱的创伤，最佳办法是远走高飞。无论拖你后腿的事情有多么重要，你都要将它们弃而不顾，离开那个是非之地。去做长途旅行吧！"[1]在《秘密》中，彼特拉克同样提出了旅行是摆脱失恋的方式。爱情总是附着在地点、实物、景致上面，摆脱了这个环境，离开此时此地，就能驱赶走爱情这样的疾病："听从你内心的呼唤，去你想去的地方，知道它能让你快乐，就快动身吧。……忘记过去，期待未来。"[2]旅行时，你将自己置于一个陌生的环境中，也使自己进入一个全新的充满可能性的状态。而且最好不要独处，不要追求孤独，不要在偏僻的乡村，这样会让思念死灰复燃。失恋的痛

---

[1] 奥维德：《爱经全书》，曹元勇译，译林出版社2012年版，第115页。
[2] 彼特拉克：《秘密》，方匡国译，广西师范大学出版社2008年版，第123页。

苦要在人群中才能化解。旅行的一个重要内容是登山。彼特拉克是第一个明确地具有登山意识的人。正是在这个意义上,人们说他是第一个现代人。虽然他说他的目的是登高望远,看见非凡的景观,但是,当他艰辛地登上山顶的时候,他做了只有在高高的山上才可能做出来的反思。他朝意大利的方向发出了叹息,他想念远方的朋友和祖国。但接下来,在山顶上,他也进入了自己历史的深处。他情不自禁地回顾自己漫长的心灵历程,这也是他的爱的历程:"我曾爱过的,如今不再爱了。可是我在说什么呢? 我依然爱它,只是怀着羞愧,怀着沉重的心。……我爱,但我爱的是我不想爱的,我想爱的却可能为我所憎恨。"[1]同在《秘密》中一样,他一直处在爱的矛盾中。他爱尘世生活,但是他觉得更应该爱上帝;他应该将爱上帝放在首要地位,但是,他真实地爱尘世,爱女人,爱荣耀,爱意大利,爱人民,他并不爱上帝。他被这样的爱的矛盾所苦苦折磨。他在爱的忘却和记忆中交战。他也在神圣之爱和世俗之爱中交战。这样的心灵反思,也许只有在孤寂的高山之巅才能深入,也只有身处这样的高处,

---

[1] 彼特拉克:《登风涛山——致圣塞坡克洛》,载《格劳秀斯与国际正义》,刘小枫主编,华夏出版社 2011 年版,第 197 页。

他最终才会做出这样的决断:"我们应倾心尽力,不为立足山顶,而为将世俗冲动产生的那些欲望践踏在脚下。"①在山顶,人似乎更接近上帝,更能切近地感受上帝之爱,也更愿意远离尘世,更应该鄙视那些尘世的欲望、尘世之爱、男女之爱。从山顶的俯视的目光来看,这些东西微末而琐碎。

不过,一旦从山上下来,一旦目光从俯视转变为平视,在荒无人烟、远离城市的偏僻的路上,尘世的痕迹就顽强地显现了。尽管他努力抑制自己的感情,努力让自己平静下来,但是,对劳拉的爱还是止不住地涌现:"我独自一人,忧心忡忡……远离人群……虽然我竭力掩盖,/但是我想,即使山河、田野、森林/也会知道我此刻的心情。/我无法寻求一条孤寂、艰难之路,/以便抛开爱神的纠缠,/因为它总跟我窃窃私语,相伴而行。"②旅行似乎并不能完全挣脱爱的镣铐。而但丁则从另一个角度将失恋的抚慰与旅行结合起来。他不是自己去外地旅行来化解这种痛苦,而是企图让外面来此地旅行的人分享自己的悲伤。这些旅行的人是闯入此地的陌

---

① 彼特拉克:《登风涛山——致圣塞坡克洛》,载《格劳秀斯与国际正义》,刘小枫主编,华夏出版社 2011 年版,第 199 页。
② 彼特拉克:《歌集》,李国庆、王行人译,花城出版社 2000 年版,第 50 页。

生人，他们不知道这个城市失去了最美的女性，他们感受不到这整个城市哀伤的氛围。如果陌生的旅行者能驻足停留，能融入这个城市并分享它的悲伤，能和自己分享这种失去的苦痛的话，哪怕他们铁石心肠，他们也一定会泪流满面，他们也会据此帮助消化这个城市的悲伤和自己的痛苦。在这个城市中，在熟人中寻找慰藉是不可能的。但丁的爱是隐秘的。熟人甚至可能会嘲笑自己的痴情，会为自己的痛苦感到意外和兴奋。要在熟人面前掩饰自己，但丁只好借助于外来陌生的旅行者。他希望通过化解陌生人的"铁石心肠"来获得宽慰。"你们如驻足听我说其中原委，我的心就会告诉我，含着叹息：你们离去时一定会泪水涟涟。"[1]陌生人在离开时会将他们的泪水和但丁自己的痛苦带离此地，但丁也会因此得到释放和宽慰：我的负重，我的愁苦，我的悲伤，随着陌生人的继续旅行而远离了我。就此，旅行，登山，脱离和改变此地此景，同陌生人交流并向他们倾诉，这是第三种失恋的治愈方式。

第四种是薄伽丘的方式。薄伽丘和但丁、彼特拉克不一样。对后两人来说，是失去了爱之后怎么办的问题。而薄伽丘更加现实，对他来说，不是事

---

[1] 但丁：《新生》，钱鸿嘉译，上海译文出版社1993年版，第113页。

后补救和补偿的问题,而是事先预防的问题。他采用的是预防的手段。怎么对付失恋呢?怎样摆脱爱带来的痛苦呢?与其在失恋之后去找各种各样的弥补方式,不如开始就寻找正确的恋爱技术和恋爱方法。《爱情十三问》这本书在致读者中就表明了它的目标:"讲述最能表明爱情的做法,及无论优劣、何种选择最佳;做一番比较,革除陋弊,找出真正的佳良之举。"[1]为此,他提出了十三条恋爱法则和指南。这些法则和指南可以避免爱的错误,也因此避免爱的失去,以及爱的失去所带来的痛苦。他像一个爱的老师一样采取问答的方式。这些人的提问方式也非常有趣。他们提出的多数是选择题,他们问的不是像希腊人那样关于爱的一般的抽象原则的问题,他们问的都是具体的问题,即在几种可能性之间应该选择哪一种答案。因此这是关于爱的技巧问题。有些问题比较常见,有些问题比较奇怪。比如:一个男人必须轮流和一个老妇及一个年轻女人住一年,而且要说一样的话,那么,这个男人应该是先和老妇人同住还是先和年轻女人同住?一个女人有好几个追求者,一个英勇,一个慷慨,一个聪明,她应该接受哪一个? 一个年轻男子面对两

---

[1] 薄伽丘:《爱情十三问》,肖聿译,译林出版社2015年版,第2页。

个女子,一个非常勇敢地冲上去拥抱他、吻他,一个羞怯地站在远处不动,那么这个年轻男子应该选择哪一个女子?一个男子应该爱上一个各方面比自己强的女性,还是应该爱上一个比自己差的女性?诸如此类的恋爱技术和选择问题,薄伽丘都以菲娅美达之名给出了答案。这样的答案坦率地说,听上去理由并不是十分地充分。听到了这些各种各样的答案,会导致的最后结果是什么呢?老师的爱情答疑带给学生什么呢?她点燃了听众爱的火焰,"我这颗受苦的心中还是能容纳奇特的火焰,因为你无与伦比的高贵已经将它点燃",但是,最好还是不要轻易去爱,"因为我还不属于我自己,我实在无法将自己的心交给另一个人"。[①] 这另一个人可能是老师:学生对老师讲的并不认可,他无法听从老师的答案,他有自己对爱的理解,有自己的爱的技术。但是,这另一个人也可能是一个尚未出现的爱人。学生做好准备之前,不会轻易踏入爱河,不会将自己全身心地交给别人。无论这另一个人是谁,爱,都要郑重其事,小心翼翼,否则,就会掉入它那可怕的深不见底的冷酷陷阱。对薄伽丘而言,爱的手段,可以防止爱的盲目;爱,作为一个技巧开始得

[①] 薄伽丘:《爱情十三问》,肖聿译,译林出版社 2015 年版,第 138 页。

到了思考。我们看到,这是罗马人奥维德的《爱经全书》的一个现代回声,它在马基雅维利的《曼陀罗》那里得到了最好的继承。

对于薄伽丘而言,这样爱的技术越来越不以道德标准为参照,它越来越强调实用性和功能性:爱的技术的运用就是为了爱的实用性。薄伽丘进一步降低了爱的精神高度,爱的实用性实际上也意味着爱越来越脱离它的精神性,而后者正是但丁和彼特拉克的男女之爱所强调的东西。如果只有纯粹的精神之爱,手段不会受到重视,精神之爱是排斥和超越手段的,只要精神相爱,就可以不顾一切地突破各种手段;精神之爱鄙弃手段,手段是对精神之爱的玷污和羞辱。精神之爱有时候并不需要具体得到对方,就是说,精神之爱可以单纯地存在于心灵之中,而无须手段去猎获对方。但丁和彼特拉克都没有让这种精神之爱现实化、肉身化和手段化。而对于薄伽丘来说,利用手段捕捉一个爱的对象比单纯的精神相爱更加符合他所理解的男女之爱。他对爱的捕获和现实化更有兴趣。为什么要去捕捉爱的对象,而不是让其存在于内心深处?因为只有男女结合,爱才有意义。只有身体的结合,才是完整的爱。或者说,男女之爱如果只有精神的维度而缺乏肉体的维度的话,就不是全面的,也不是真实的。爱一个对象,还必须要用手段去画出线路,去捕获对象,和对象有肉体的结合,从而获得巨大的快乐。薄伽丘开始将肉体之爱引发的快乐引入男女之爱中了,也将肉体之爱不顾一切地引入文学中了。这是他对但丁和彼特拉克的偏离。和《新生》《歌集》那种强烈的抒情性相比,他的《十日谈》飘荡着的是活生生的肉体气味。这本书这种肉体气息来得过早、过于迅猛、过于突兀和大胆了,它不得不被反复当作淫秽的禁书而罚入黑暗之中沉默地流传。我们把它同十四世纪的绘画相比就看得更清楚了,十四世纪的绘画还非常拘谨,丝毫没有体现身体的狂欢和快乐迹象。乔托正苏醒的绘画此时在雕刻痛苦而不是快乐。正是从《十日谈》开始,现代的出版禁令,总是有一部分套在爱欲身上,直到二十世纪,直到劳伦斯和纳博科夫,爱欲作为道德之罪也一直背负了各种各样的书写之罪。

就此,薄伽丘翻开了新的篇章。如果说尘世之爱有两种含义,一种是但丁和彼特拉克的纯粹的精神性的男女之爱,那么另一种就是薄伽丘的肉体之爱。但丁和彼特拉克小心翼翼地推开了上帝之爱的框架而释放出了人世间的精神之爱,一种削弱了上帝之爱的邻人之爱,而薄伽丘则将他们精神之爱的大门推开,释放出了更物质化的肉体之爱。《十日谈》是肉体之爱的狂欢曲。在这里,但丁和彼特拉克那顽固残存的上帝之爱消失得无影无踪。上帝在这里没有死去,他存在,但只是作为一个反讽性的符号存在于《十日谈》中。上帝不是主宰者,而是被主宰、被利用的木偶。他从来没有真正发挥效用。相反,他总是被轻浮地利用,被各种各样的性爱所利用。一个修士就以上帝之名引诱了一个纯洁少女,上帝和性爱之间并不构成一种严峻的张力,相反,他们之间有一种合谋的勾连。薄伽丘较之彼特拉克更强有力地返回希腊罗马那里,返回世俗之爱,返回人和人之间的爱。不过,这种人间之爱不是简单地回到生育的问题,回到希腊的创造性和永生的问题——苏格拉底对爱的思考(创造和快乐)总是跟生育,因此也是跟生命的延续相关。而在薄伽丘这里,爱和死有关,但是和生育无关。爱和死有关,这并不意味着要像古代人那样因为爱通向永生而拒斥死亡。这是一种新型的爱和死的关系,一种对希腊人和基督徒来说都很陌生的爱和死的关系。

我们可以在薄伽丘的《十日谈》中去理解新出

现的爱的问题。这部小说的背景是1348年佛罗伦萨的瘟疫。这是一场来势凶猛的黑死病,也就是鼠疫。一旦感染,死亡的概率极大。当时的城市尸体遍野,死寂凄凉,丧钟乱鸣,一派肃杀。为了躲避这场瘟疫,人们采用了两种方式:一种方式是,"躲在自己家里和没有病人的地方,远离尘嚣。……有节制地享用美酒佳肴,凡事适可而止,不同任何人交谈,对外面的死亡或疫病的情况不闻不问……另一些人想法不同,他们说只有开怀吃喝,自找快活,尽量满足自己的欲望,纵情玩笑,才是对付疫病的灵丹妙方"[①]。这后一种人并不躲避,他们在城中兴之所至,为所欲为,他们活一天算一天,仿佛明天行将死去,仿佛这将临的死亡不可避免,因此,他们抛弃一切私产,撕掉任何面具,毁掉任何习俗和法规而过着声色犬马的放纵生活。死亡令人狂欢。在死亡的冲击下,整个城市陷入瘫痪和无政府的状态。《十日谈》正是在这样的背景下展开它的故事。在死亡的黑夜包裹下,十个青年男女聚在一个偏僻的郊野讲述各种各样的情爱故事。他们是为了逃避死亡而聚集的,是为了逃避死亡而讲述这些故事的。每个人讲十个故事,一共持续十天。在此,一

---

① 薄伽丘:《十日谈》,王永年译,人民文学出版社1994年版,第8页。

方面,他们远离尘嚣,从空间隔离回避他人的角度躲避死亡,这是薄伽丘所说的第一种逃避瘟疫的方式;另一方面,他们通过讲述故事来回避死亡,他们在故事中生活,在故事中度过难熬的时刻,在故事中发出笑声。这是他们独有的通过沉浸在故事中来逃避现实死亡的方式。怎样的故事会让他们沉浸其中并且遗忘死亡的威胁?这都是与爱欲相关的故事。

我们怎样来看待这些有关爱欲的故事呢?我们先从一个故事着手。一个失去了妻子的丈夫将他不足两岁的儿子带到一个与世隔离的偏僻山上,在那里,父亲潜心隐修,斋戒祈祷,建立了一个纯粹的神圣的宗教空间,并将儿子锁在这个空间内,从而将所有的诱惑外因抵挡在外。儿子无时无刻不沉浸在天主氛围中,这是一个纯洁无瑕的儿子,一个只有上帝盘踞在灵魂中的儿子。但是,到了儿子十八岁的时候,父亲偶尔带他下山进城一次。在路上,他们遇见了一群美丽的姑娘。儿子好奇心大增,问父亲那是什么,父亲为了防止儿子春心萌动,就欺骗儿子说,这是坏东西,名叫"母鹅",应该避而远之。可是儿子偏偏对这些"母鹅"产生了兴趣,他目不转睛盯着她们,觉得这些坏的母鹅漂亮无比,比他看到的天使图像还要美丽,并强烈要求父亲带一只回去喂养。父亲终于明白,儿子对女人的兴趣是与生俱来的,这是自然的力量,它瞬间就摧毁了他十几年的教训。尽管儿子连"女人"这个词都不知道,不知道世上有女性这样的一类人,但是,一旦她们出现在他面前,一种天然的爱欲本能马上就点燃了,这种爱欲本能几乎不需要教育就能直接指向一个美的女性对象。

我们在这里能发现薄伽丘对爱欲的态度:爱欲是人的一种本能,是生命的本能,它是自然的,它内在于人的身体。它就是身体的能量本身。只要有身体,或者说只要有生命就有爱欲。它是永恒的冲动,不可能被清除掉,它无法被遮蔽,无法被压制,无法被训诫。无论是上帝的压制、空间的压制、理性的压制还是语言的压制。它不会沉默,它会猛烈地不可遏制地自然地涌现。这是内在于人性本身的爱欲。在这个意义上,薄伽丘是一个朴素的弗洛伊德主义者。儿子的这种爱欲,是生命的起源和本质。这种爱欲就是日后弗洛伊德所说的力比多。对五个世纪后的弗洛伊德而言,力比多限定在性的领域,力比多因为有特别的化学基础,它仅仅是性能量。它是生命的必要条件,没有这样的力比多,儿童就不会生长。弗洛伊德首先肯定了儿童固有的性本能。儿童的性兴奋源于多种能量,尽管它有潜伏期(这正是人们否认儿童性活动的重要原因),但它一直存在,它一直在积蓄能量,儿童的兴奋是分散的,它分布在身体的各种区域,它在这些不同的区域获取各种各样的快感,它储存在他全身,此时它尚未指向对象,它带有强烈的自恋特征。只是到他成年后,在经过一段时间的潜伏之后,儿童时期就持有的多样能量才团聚起来,"成人的性本能是童年期多种冲动合而为一的结果,最终指向了单一目的"[1]。显然,性本能一直存在,并且从儿童到成人的过程中一直处在变化中。它先在自我身上,后来转移和扩展到对象身上,才有了生殖的机会。"这种自恋性的力比多当然也是性本能的力的一种表现形式。"[2]"我们已将力比多的概念,界定为一种量化力量,可对性兴奋的过程与变化进行测量。……性兴奋不仅源于所谓的性部位,而且源自身体的所有器官。这样我们就有了力比多的量化概念,将心

---

[1] 弗洛伊德:《性学三论》,载《弗洛伊德文集》(3),车文博主编,长春出版社 2004 年版,第 62 页。
[2] 弗洛伊德:《超越唯乐原则》,载《弗洛伊德后期著作选》,林尘等译,上海译文出版社 2005 年版,第 58 页。

理表征称为'自我力比多'。"[1]

似乎是对弗洛伊德的文学预告,薄伽丘对生命的理解是弗洛伊德主义的:与其说是上帝在支配生命,不如说是爱欲在支配生命。生命就以性为动能而生长,这是一个自然法则。十四世纪的薄伽丘还不能明确否定上帝是造物主,但很明显的是,他从没有对这一点做坚决的肯定。这样的以性为根基的爱欲有外在的对象,但性本身的出现是自然的,是内在于自己的身体和生命的,是外在对象所无法解释的。爱欲回到它本身,它是自主的,它的意义就在于它本身能量的膨胀,就在于这种膨胀的自然进程。它不被任何外在的律令所管制、驯服和利用,无论是上帝的律令,还是像古代苏格拉底所谈论的生育的律令。爱欲的首要目标并不是生育,而是自我的快乐实现。在《十日谈》中,爱欲不通向生育,而是止于快乐。没有生育的最后结局,只有快乐是否实现的最后结局。爱欲完全在自我的内在轨道上运转。任何外在目标都难以制止它、操纵它。就像这个受基督教影响的父亲终于承认自然的巨大力量,基督教处心积虑的十几年的严格驯化

---

[1] 弗洛伊德:《性学三论》,载《弗洛伊德文集》(3),车文博主编,长春出版社 2004 年版,第 54 页。

在这种自然力量面前瞬间崩塌。在这里,生命的目标就在于它自身欲望的满足,而且只在于自身欲望的满足。它要做的就是努力实现和完成自身的满足。生命的过程,就是这样的欲望满足过程。这部小说中的很多主人公,都为了爱欲而愿意赴死。或者说,以死作为不顾一切的爱的代价。不能爱,宁可死。同但丁和彼特拉克的为灵魂之爱而死相比,薄伽丘笔下的人物,更准确地说,是为了性爱而死。这部小说,可以说就是性爱倔强、不屈不挠、奇怪的实践和表现形式,就是有关性爱的离奇荒诞的悲喜剧,就是对性爱的奋力肯定和辩护。小说中的人物五花八门,几乎覆盖了各个阶层,无论是一般民众还是神职人员,无论是王公贵族还是卑贱庸众,无论是男人还是女人,无论是老年人还是青年人,都无一例外地被这种爱欲所支配。这是一部有关人之爱欲的书。正是爱欲的冲动让人做出了各种各样的离奇抉择,它是行为的深层动机。爱欲让人们冒险。爱欲让人们打破了各种各样的条例、规范和习俗。一个下贱的仆人居然为了获得王后的性而孤注一掷,一个高贵的少女为了获得一个卑贱的男人的性而甘愿被父亲杀害。性的结合总是借助各种谎言、技术和策略而成功。薄伽丘在书中忍不住说道:"爱情的力量无比强大,任何艰难困苦以及想象不到的危险都阻挡不住堕入情网的人。"[1]薄伽丘正视这个事实,也肯定这个事实。在基督教看来厚颜无耻、伤风败俗、互通款曲、偷鸡摸狗的爱欲故事,在这里都得到了细致的描述和正面的肯定。

> 爱情啊,
> 她明亮的眼睛多么美丽,
> 使我成了你和她的奴隶。
> 那撩人的秋波
> 和我的眼光一接触,
> 顿时燃起我心头的烈火。[2]

这种爱欲的核心就是性。在这些故事中,爱几乎总是跟性结合在一起的。人们在这里没有看到脱离了性的爱,无论是哪种性质的爱,总是跟性结合在一起。或者说,没有一种爱不包含欲望和性,也就是说,没有一种爱是奥古斯丁所说的纯爱,反过来,没有一种爱不是奥古斯丁所说的贪爱。这是绝对的性爱。没有性的结合就没有爱,或者说,性

---

[1] 薄伽丘:《十日谈》,王永年译,人民文学出版社1994年版,第273页。
[2] 同上书,第298页。

既是爱的目标也是爱的动力,这里,爱总是充满欲望和性的享乐。爱就是以性为基础而萌发的,爱就是为了性而爱。因为性而更加相爱。爱,就是性的享乐。这里没有令人厌倦的性,没有该诅咒的性,一切性都被赞美、庆贺和举荐,性,开始成为一个新的好生活的标准。这是爱和性展开的一场默契游戏,二者不可分割。《十日谈》中的故事都是围绕爱和性的相互追逐这条主线展开的。如果我们说,这是现代第一部关于爱的小说的话,那么,这样一部作为开端的爱的小说是以性作为主题的,是对性的张目和肯定。它是《新生》《歌集》纯粹的灵魂之爱不断下坠的效果,是对这两部诗集所空缺的性的增补。而在《十日谈》之后的爱的文学,又是在它的基础上不断地进行爱的升华,是向《歌集》这样的爱情诗无休止的回归。在有关爱的文学中,性通常处在次要地位,或者说,性是爱的副产品。爱并不是被性所绝对地填满和支配。爱的文学规范,就是要对性进行升华,就是要将性纳入爱的统治之下。爱赋予了性合法动机。正是因为有爱才有性。性甚至可能被完全地忽略,被爱的复杂纠葛所吞噬和掩盖。爱和性的纠缠如果没有向情感的方向升华就会遭受贬值。但是,在《十日谈》这里,反过来,性才是爱的动力,这部作为开端的现代小说,因为性的目标和动机,它占据着文学历史中的爱的等级秩序的最低谷。它是文学之爱的历史抛物线的底部。在这个意义上,它既是一个不彻底的色情小说,也是一个不彻底的爱情小说。色情的不彻底是因为它缺乏性的细节描述,爱情的不彻底是因为它缺乏情感的细节纠缠。它的性的目的过于直白,过于简单,小说就是为了达成这个目标而设计出各种各样的技巧和方法。性的动机是不言而喻的,而获取性的方法和路径则多种多样。或者说,性的动机催生各种各样的性的获得方法。

每一种方法都伴随着一个线路,或者说,方法就是线路。性的旺盛的能量导致了性的欲望要求。性像弗洛伊德所说的那样,是一种基本的生命能量,但是,它并没有引向弗洛伊德式的升华,而是像德勒兹所说的那样,是一种直接的欲望生产。它在寻求和对象的流动式的连接,这也产生了各种各样的连接线:"性不允许自身被升华或变成幻觉,因为它的关怀在别处,在与其他流动相邻和相结合的地方,这些流动使其消耗或加速它的生成——一切都取决于特定的时刻和组装。这种临近性或结合的发生并不简单是从两个'主体'中的一个转化为另一个;在每个主体中都有若干流动结合起来而构成一个生成集团,对两个主体提出要求。"[1] 性的欲望生产和流动产生了各种各样性结合的线路,有各种各样的逃逸线和连接线。有各种各样的性的多样性和繁殖路线。用德勒兹的"欲望生产"的说法,性在生产,不停地生产,在连接,在一个身体和另一个身体之间不停地配对、连接,在不停地流动,永无终结地流动。《十日谈》是一部有关性的获取方式的小说,是一部有关性的逃逸和连接之线的小说,也是一部有关爱欲的流动地理学。爱欲要找到线路、空间、地理和时间的恰当配置。十天的故事讲述,却布满了密密麻麻的爱欲线路地图。这完全不是婚姻中的爱欲,婚姻中的爱欲空间是定位的,是固定的,是确切的,是一个定居空间,有一个合法的可预期的被规划的情欲之线。而非婚姻中的爱欲空间则是变动不居的、流动的和随机的,是一个游牧空间,它是欲望之线的逃窜和生成,它以逃窜的方式创造出各种各样的爱欲之线、婚姻外部的线。《十日谈》中的爱欲在不断地对既定空间解辖域化:对修道院的解域,对王室的解域,对家庭卧室的解

---

[1] 陈永国、尹晶主编:《哲学的客体:德勒兹读本》,北京大学出版社 2010 年版,第 210 页。

域。爱一直在解域之线上,在交错纵横的解域之线上:"在每一个时刻,我们都是由在每一个瞬间发生变化的路线所构成的,这些路线可以通过不同方式结合起来,构成一组一组的路线,经度和纬度,热带和子午线,等等。没有单一的流动。对无意识的分析应该是地理而不是历史。哪些路线受阻、出了毛病、封闭或变成了死胡同、黑洞或被耗尽了?哪些是活跃的或有生气的、使某物逃逸或吸引了我们的?"[1]《十日谈》是一部关于欲望之线路的小说,一部欲望地理的小说,一幅猎艳地理图。一百个故事,也是各种逃逸线和连接线大全。生命就是在这种逃逸线中蓬勃旺盛地生长。在这里,但丁和彼特拉克的情感折磨被剔除得干干净净。男女之间的关系是性所支配的引力关系,而不是德性所支配的魅力关系。正是致力于这种性的复杂的结合技术,使得爱的复杂情感纠葛省略了。正是因为爱这种情感的不彻底、不完全,我们可以将它当作色情小说来看待。但也可以反过来说,性的细节的缺乏让人们可以将它当作爱情小说来看。正是这种两可性决定了它时断时续的封禁命运。无论如何,性,

---

[1] 陈永国、尹晶主编:《哲学的客体:德勒兹读本》,北京大学出版社 2010 年版,第 210 页。

作为一种不可遏制的爆炸性本源力量出现在历史的地平线上。爱,就这样第一次蜕变成了性爱。

正是因为这种性的坦率目标,在《十日谈》这里,爱才像风暴一样迅猛地降临。也是因为性的力量,道德的障碍和上帝的障碍才被摧枯拉朽地消灭。性本身是道德的,这是对道德的崭新定义。这是比尼采更早的价值重估。这也是他对基督教贬斥爱欲不以为然的原因。薄伽丘是第一个真正的但又是隐秘的敌基督者,是比尼采更早的尼采主义者。他颠倒了基督教的爱的秩序,他将基督教最低等的贪爱置于最显赫的位置,并对那种最高的圣爱进行无情的嘲笑。基督教的神职人员都是被嘲笑的对象,在这里,圣爱遭到了贬斥,唯有性爱,唯有爱欲,唯有基督教意义上的贪爱受到了肯定。所有的人都被这种贪爱所主宰。在贪爱面前,人人平等。一个修女在修道院发现了一个装作哑巴的年轻男人并设法和他发生关系,其他的修女发现这个秘密后都一哄而上,谁也不甘落后;一个女修道院长试图惩罚一个偷情的修女,但是修女指出这个修道院长头上戴的不是头巾,而是一条男人的裤子,因为这个院长同样偷情,她在慌乱的情况下将男人的裤子戴在头上而不自知,女修道院长只好放过这个修女,并为她打开方便之门;一个年轻的神父为了获得一个少女的性,以上帝的名义欺骗少女说他要惩罚他自己身上的魔鬼,即他的阴茎,而惩罚的方式是要将这个魔鬼送到地狱中去,所谓的地狱就是少女的阴道。基督教中的惩罚性的地狱和魔鬼居然被如此讽刺性地挪用到性的谋划和结合中。所有这些性器官的披露,都是史无前例的书写挑衅。

薄伽丘描述身体的性器官太早了,而在绘画中逼真地展示和处理性器官,要等到下一个世纪的画家马萨乔(Masaccio)。在此之前,裸体出现在绘画中时,都是出现在地狱中,这是牺牲、恐怖、痛苦和惩罚的裸体,是没有性器官的扭曲、挣扎和受难的裸体。而马萨乔则将一个惩罚性的驱逐行为,即天使将亚当和夏娃驱逐出伊甸园的行为,挪用为一个赤裸男人和一个赤裸女人的身体展示行为:阴茎和乳房是通过罪的展示而得以展示的。性爱既展示了它的罪恶,也展示了它的魔力,它的魔力就是它的罪恶。它的罪恶越深,它的描述就越清晰,它的魔力就越强烈。器官在这里同时承担了指责和炫耀,罪恶和快感,惩罚和诱惑的双重功能。这是在上帝和情色之间撕裂的身体。同一时期的凡·艾克兄弟笔下的裸露的亚当和夏娃虽然没有强烈的罪恶感,但是,他们用手遮挡了他们的性器官。他们既没有罪恶感,也没有炫耀。而薄伽丘这里的地狱和惩罚的器官隐喻只有反向放大的性的欢乐,而丝毫没有羞愧和悔恨的罪恶。围绕性器官的是情不自禁的笑声,而不是挣扎悔恨的责难。我们在这里听到了薄伽丘对上帝的嘲笑,世俗之爱对神圣之爱的嘲笑。这样的嘲笑只是在十六世纪的绘画中才姗姗来迟地出现:在提香的《乌尔比诺的维纳斯》中,一个女性自然地打开了自己诱惑性的身体,她在自己的身体中陶醉不已,她一脸轻松地将身体暴露给一切画外的观众,身体的罪恶感随着那只手对器官的遮掩式抚摸而被彻底抹去了,就如同薄伽丘津津乐道向一切读者讲述两个性器官的合谋故事而毫无罪恶感一样。这是关于性爱的书,也是以性爱对上帝进行亵渎的书;这是在性爱中获得欢乐的书,也是在性爱中发出嘲讽的书。这是有关欺骗神学的书,也是有关解放神学的书。薄伽丘从未对性进行谴责,对婚姻之外的性也不进行谴责。性,在此是一个炸弹,彻底地炸毁了基督教的神学体系。

同时,它与苏格拉底和柏拉图的性爱哲学也相去甚远。这样的爱追求的是性的快乐,性,只是作为纯粹的快乐经验而存在。性不以创造为目标,它与生育和永生的目标无关。对薄伽丘而言,美,也总是跟性相关的;美也是因为性的吸引力而显得美。我们比较一下苏格拉底和薄伽丘关于美的观点的差异。苏格拉底强调爱美,美是爱的终极目标,因为美所以值得爱,但什么是美呢?本质是最美的,真理和知识是最美的。它压倒了身体之美。爱美,最重要的是爱真理之美,是去探究真理的智慧之美。但是,薄伽丘的爱美,就是爱身体之美,只有身体才是最美的。美之所以值得爱,是因为它激发了性,它让性变得更强烈。因为美才会产生欲望,因为有美才会有性的动力。而苏格拉底的身体之美与智慧之美不能相提并论。薄伽丘不仅是对神学的嘲弄,也是对苏格拉底真理之美的弃绝。或者说,在爱的观念方面,薄伽丘是颠倒的柏拉图主义者。爱,既不生育后人,也不生产真理,爱就在此时此刻的快乐之中。或者说,此刻的快乐就是真理:"眼前的好事绝不应留到将来再去享受,而为了将来的好事也绝不该去忍受眼前的坏事,因为我们都知道,谁也不晓得将来会发生什么事情。"[①]"应选

---

① 薄伽丘:《爱情十三问》,肖聿译,译林出版社2015年版,第30—31页。

择先享受各种现实快乐,再去应付随后的现实苦恼,而不是相反。"[1]古代人所追求的永生和永恒的问题被弃置一边。

性的享乐如此地受到推崇,它不仅摧毁了宗教,还合理地摧毁了法律和道德。有一个故事讲的是一位太太和一个男人偷情被丈夫发现了,按照当地的法律,妇女偷情应该处以死刑,这个太太应该受到法律的严惩。太太被愤怒的丈夫告上法庭。她为自己辩护,她承认自己是睡在情人的怀中,但是,她不应该被判处死刑,她的辩护理由是,她从未拒绝丈夫,每次都尽量满足了丈夫对她的性要求,每次都让丈夫心满意足。她的丈夫在法庭上承认这确实是事实。但接下来,这个女人问道:"那我请问大人,既然他从我这里得到了他所需要的一切,我让他得到了满足,而我还有富余该怎么办?拿去喂狗?拿去为一位爱我胜过他自己的绅士效力,总比白白糟蹋掉好些吧?"[2]这样的辩护完全是性的理由,是身体的理由,性是身体的能量,是身体自然产出的东西,是自然能量的饱和与溢出,也是自然的快乐和满足。正因为它是自然的快乐,它便是好的

---

[1] 薄伽丘:《爱情十三问》,肖聿译,译林出版社 2015 年版,第 32 页。
[2] 薄伽丘:《十日谈》,王永年译,人民文学出版社 1994 年版,第 315 页。

东西，它不应被浪费、践踏和压制。我们看到，自然的快乐是性的合法化理由。自然，而不是上帝，不是知识，不是灵魂，在这里成为评判标准。正因为它是自然的，性自有其价值，自有其理由。在此，性的理由压倒了道德理由，压倒了宗教理由，压倒了以宗教和道德为根基的法律理由。自然的理由是最重要的。如果说，那个欺骗儿子说女人是母鹅的父亲发现自然无法压制、无法遮蔽的话，那么，现在审判这个女人的法官认为这个无法压制的自然是合法和正义的，它根本就不应该被压制。法官因此赦免了她的死刑，而且废黜了这条女人通奸就会被判处死刑的法律。在此，自然的性是遮蔽不了和压制不了的，它也是不应浪费的好东西，这才是现在的正义和真理。这是十四世纪薄伽丘的性的立法：性是一件自然而然的东西，它应该得到宣泄和满足。没有比和所爱之人在一起获得性的享受更美妙的事情了。这是最早的敌基督者宣言：自然的性并不导致罪恶，而是产生正义。

《十日谈》中所有这些故事都是以小说人物之口来讲述的。这是故事的套叠叙述。薄伽丘叙述了一个讲故事的场景：故事中的十个人物围坐在一起，他们在轮番讲故事，也因此在故事的讲述者和故事的听众之间不断地转换自己的身份。当一个人讲述的时候,其他的人都是听众,都沉浸在故事中,都在故事讲完后有自己的特殊反应,或者沉重或者放松,或者唏嘘或者大笑。《十日谈》是一个讲故事的故事。讲述这些性的故事构成了一个共同体的生活。人们过的是一种讲故事的生活,人们生活在文学之中。正是这种以性为题材的文学生活将现实生活挡在外面。此时此刻的现实生活遭受着瘟疫的侵袭,布满着死亡的巨大阴影。死神盘旋在所有人的头上,随时都可能伸手扼住你。死,是此刻此地的爱和性的深厚布景。我们可以说,爱,或者说,讲述爱欲的故事,沉迷于爱欲的故事之中,生活在爱的文学中,就可以推开这个死亡幕布,就可以遗忘死亡,回避死亡,将死亡阻挡在外。这再一次是对尼采的提前呼应,尼采曾经说过,古代人只有生活在狄奥尼索斯的悲剧中,只有生活在虚假的文学生活中,才可能回避现实生活中的残酷和野蛮,只有沉浸在希腊悲剧中的生活才是值得一过的生活,也才是能过得下去的生活。狄奥尼索斯的悲剧生活,就是痛苦和性相互强化的生活。狄奥尼索斯是痛苦之神,也是性的狂欢之神。痛苦需要性来抚慰,性需要痛苦和绝望来加以反向强化。希腊悲剧造就了一个虚构的狂欢世界来克服死亡的狰狞。薄伽丘的爱,或者说,他在《十日谈》中津津乐道的性爱,在同样的意义上也是对死亡的抚慰和克服。只不过这不是狄奥尼索斯那样带有生育意味的性,也不是需要痛苦从反面来强化的性,不是受到虐待的处在一种巨大折磨中的性。这是单纯的、直接的、欢乐的、令人捧腹的性,这样的性并没有道德上的挣扎,只有将它置放在谈论它的背景下,只有将它和瘟疫的爆发结合在一起,它才会注入悲凉和虚空的要素,围绕它的笑声是度过瘟疫和死亡威胁的无奈之笑声。但,越是悲凉和虚空,越是无助和绝望,越是需要性。

如果说,苏格拉底和基督教都是通过爱来达成不朽,从而抵制死亡的话,那么在薄伽丘这里,似乎是通过沉浸于性爱的游戏追逐来忘却死亡。这是爱和死亡的一种新的关系:沉浸在爱欲的故事中,沉浸在爱的情景中、在爱的感同身受中、在爱的经验中,就可以遗忘死亡、忽视死亡、抚慰死亡和逃避死亡。也就是说,哪怕死亡迫在眉睫,包围了我,弥漫了我,即将席卷我,但我只要现在爱了,我就不会想到死亡;只要我被爱所主宰,被性爱的目标及它带来的欢乐所主宰,我在性爱的幻象中或者性爱的巅峰中,我就远离了死亡;或者说,如果我要死了,如果我知道我马上要死了,我最应该做的事情就是去体验性爱,就是不顾一切地体验性爱,享受性爱。性爱可以吞没、掩饰、忘却和对抗死亡。性如此地自主和封闭,以至它会忘却一切,它不仅让自己忘却自己的死亡,也会让自己忘却他人的死亡,无论是他人将临的死亡还是他人已经发生的死亡。当他人的死亡发生过了,当他人的死亡让幸存者陷入痛苦的失去状态时,性也是解除幸存者的痛苦的方法。在拉斯·冯·提尔(Lars von Trier)的电影《反基督者》中,正是因为父母沉浸于自己的性爱,忽视了儿子,致使儿子坠落而亡,为了冲淡这样的失子之痛,母亲试图通过沉浸于性来疗愈这样的痛苦。性导致了他人的死亡,也试图导向死亡之痛的平复。性试图从各个方面驱逐死亡。性爱的快乐是死亡的解毒剂。反之亦然:"只要心中还记着死亡,我们在现世的诸事中便永远品尝不到欢乐。"[1]《十日谈》中的人们绝对地沉浸在爱的故事中,他们听这些故事,享用这些故事,他们是和这些故事中的人物共在,而不是和现实生活共在,不是和城中的瘟疫及病人共在,他们这么做就是遗忘现实,遗忘

---

[1] 薄伽丘:《爱情十三问》,肖聿译,译林出版社2015年版,第31页。

死亡,从而抵抗死亡。如果现在的这一天是人的最后一天,现在的这个故事就是人能经历和听说的最后一个故事的话,那么,这最后一个故事就应该是性的故事,最后一个经验就应该是性的经验,最后一天就应该是性的迷狂的一天。对于苏格拉底来说,这最后的经验、最后的故事、最后的一天,是真理的经验,是获取真理的故事,是学习真理、获取真理的一天。获取了真理就可以死去。这是希腊版的"朝闻道,夕死可矣"。他最后的死亡真理是灵魂可以脱离身体而存在;对薄伽丘来说,获取了性就可以死去。如果有什么好的死亡方法的话,如果有什么死亡真理的话,也许就是通过性来交换死亡,性可以补偿死亡,性是人类死前最后的礼物——这也是薄伽丘的最后真理。

这也是巴塔耶的真理。不过,对薄伽丘来说,在性中死去是要忘却死的苦痛和恐惧,是避免死亡的折磨和残酷。但是,在巴塔耶这里,在性中死去是要肯定死的苦痛。性和死不是抵消的关系,而是相互强化和交织的关系。死的苦痛强化了性的快感。死的折磨将性推到了享乐的极限。性和死以张力的关系结成一体。对巴塔耶来说,这同时是对死和性的最高强化,死的狂暴激发了性的狂暴。在某种意义上,这也是性和死的双重圣化。至高的性就是至高的死;它们是仇视的亲密伴侣。这是巴塔耶的一切矛盾情感的核心之所在。矛盾经验,这也是狄奥尼索斯的形象寓言。在狄奥尼索斯那里,濒死的苦痛和情欲的欢乐的至高结合是生育的那一瞬间,而在巴塔耶这里,则是死亡的那一瞬间。像希腊人一样,尼采赋予诞生的时刻以最高的价值,生命的意义就在于不断地诞生,痛苦地诞生,轮回式地诞生;而巴塔耶从来不是一个希腊人,他是一个萨德主义者,对他来说,生命的意义就是不断地接近死亡,趋向死亡,趋向残暴和快乐交织在一起的死亡,这同时是亢奋和阴沉的死亡,是热烈和倦怠的死亡,是正午时刻的黑夜死亡。尼采的苦痛情欲能感受到生的快乐;萨德的苦痛情欲则能感受到死的快乐,通向死亡之途也就是通向极乐之途。薄伽丘那种愉快而单纯的情欲通过十六世纪提香的偶然传递而到达了十八世纪的布歇(Francois Boucher)那里,而布歇则将这种情欲变得更飘浮、更颓靡、更迷幻。稍后一点的萨德开始了新的反向的沉重、尖锐和生硬的情欲哲学:一种容纳死亡而不是排斥死亡的情欲,一种和死亡拥抱也因此和痛苦拥抱的情欲,一种拥抱痛苦也因此迷恋暴力、迷恋血腥、迷恋恐怖的情欲。正是这样邪恶的情欲禁闭了他,也解放了他,无论空间上还是精神上都是如此。这种恶的情欲催生了一种痛苦和快乐纠缠不休的泪水,也催生了被禁闭的萨德这样的生命经验:"他特别地用不计其数的幻想来充实他的孤独:他幻想可怕的尖叫和流血的尸体。只有想象那不可容忍的事情,萨德自己才忍受了这样的生命。在萨德的狂躁中,有一场爆炸的对等物:既把他撕碎,又无论如何令他窒息。"[1]这种矛盾、尖锐、流血和撕裂的情欲,通过尼采的隐含过渡最终传递到巴塔耶这里:"一种无限维持着的尖锐而永恒的张力,从对我们进行限制的关注中诞生。……在一场无尽且不安的旋风中,欲望的诸多客体被持续地推向折磨和死亡。那唯一可以想得到的结局,就是刽子手这样的可能欲望:他自己想成为酷刑之牺牲品。在我们已经谈到过的萨德之意志里,这样的本能在萨德要求连他的坟墓都没必要保留的时候,达到了其顶点:它引向一种愿望,即他的名字应该'从人们的记忆中消失'。"[2]

---

[1] 乔治·巴塔耶:《爱神之泪》,尉光吉译,南京大学出版社 2020 年版,第 144 页。

[2] Georges Bataille, *La littérature et le mal*, Gallimard, 1990, p. 88.

第三章 尘世之爱

巴塔耶没有让萨德消失。正是他重新发现了萨德。他不仅摧毁了死和爱的界限,还摧毁了神圣之爱和肉体之爱的界限。如果说,奥古斯丁和薄伽丘分头占据这两端并且让这两端势不两立的话,那么,巴塔耶则神奇地在这两种爱中发现了重叠。神圣之爱和身体之爱可以互换,肉体的即神圣的,神圣的即肉体的。兽性的就是宗教的,宗教的就是兽性的。对他来说,神圣的兽性,兽性的神性,是爱的共同特质。在它们的高潮时段,它们都自我迷失,它们都遗忘现实,它们都失去理性,它们都会情不自禁地放声哭泣,它们都充满战栗:身体的战栗交织着灵魂的战栗。战栗是爱欲高潮的极限运动。在爱欲的高潮时刻,爱的对象就是一个神圣者,他(她)的身体发出了神圣之光,他(她)让面前的对象获得一种宗教般的迷狂体验,身体成为一个无限的感恩客体。对身体的爱欲体验就是神圣体验。反过来,神圣的宗教体验难道不是爱欲的身体体验吗?但丁在看到上帝的刹那不是有一种迷狂的不能自已的高潮吗?但丁不是抵达了一种绝对的爱欲峰巅吗?如果说,奥古斯丁的神圣之爱绝对地贬低身体之爱,但丁则重新召回了身体之爱,并将它纳入神圣之爱的卑微的根基,就像柏拉图将身体之爱植于知识之爱的卑微根基一样。而薄伽丘则以身体之爱取代了上帝之爱，这是爱的秩序和等级的翻转，虽然他并没有像尼采那样摧毁神圣之爱，但这是尼采式的翻转的前身。而巴塔耶与其说是像尼采那样对这两种爱进行翻转和颠倒，不如说，他将它们融为一体。在他这里，没有爱的等级，只有爱的混淆；没有爱的区分，只有爱的共同经验；没有爱的价值尊卑，只有爱的共同的情不自禁的身体战栗。爱，穿透了野兽和上帝的界限。

萨德的名字只是被十九世纪的欧洲文化短暂地抹去，他现在因为有了巴塔耶、克洛索夫斯基（Pierre Klossowski）、福柯和罗兰·巴特这样的继承者与传播者而重新浮现。尽管横亘着一个多世纪的历史沟壑，但他们都是邪恶的"萨德的邻居"。除了拉斯·冯·提尔外，萨德也在大岛渚（Nagisa Oshima）、金基德（Ki-duk Kim）、大卫·柯南伯格（David Cronenberg）、帕索里尼（Pier Paolo Pasolini）的电影中赫然显现。大岛渚的情欲高潮终结于暴力的屠戮，在欲望的客体死亡之际，这种情欲还无法停下来，只能以刀割阴茎的方式，以二次死亡的方式，以一种永久占有性器官的方式，保持着它的轮回冲动。金基德让人的舌头静止从而让电影沉默,在沉默的银幕上面,只有阴茎在进行无休止的切割、重生和毁灭的莫比乌斯循环。柯南伯格的情欲巅峰依赖于汽车一次次的毁灭性的呼啸撞击,依赖于钢铁机器对柔软身体的一遍遍撕毁,情欲只有在舔自己的身体伤疤的时候才分外激动。而帕索里尼则用萨德改写了薄伽丘,薄伽丘轻浮和甜腻的情欲故事场景一旦被萨德化,就变成了一个暴戾、怪异和恐怖的情欲空间。在这个充满颠倒、叫喊和喧哗的空间中,爱若斯的泪水忍不住夺眶而出。这融合了喜悦和苦痛、纯洁和肮脏、感激和悔恨的情欲,已经超越了萨德的痛苦宣告而在任何一个时代、任何一个地方都忍不住倾泻出来。这是萨德在另一个国度、另一个时代的遥远回声:

> 我根据爷爷的恋爱历史、根据我父亲的爱情狂澜、根据我自己的苍白的爱情沙漠,总结出一条只适合我们一家三代爱情的钢铁纪律:构成狂热的爱情的第一要素是锥心的痛苦,被刺穿的心脏淅淅沥沥地滴答着松胶般的液体,因爱情痛苦而付出的鲜血从胃里流出来,流经小肠、大肠,变成柏油般的大便排出体外;构成残酷的爱情的第二要素是无情的批判,互爱着的双方都恨不得活剥掉对方的皮,生理的皮和

心理的皮,精神的皮和物质的皮,剥出血管、肌肉、蠢蠢欲动的内脏,黑色的或者红色的心,然后双方都把心向对方掷去,两颗心在空中碰撞粉碎;构成冰凉的爱情的第三要素是持久的沉默,寒冷的感情把恋爱者冻成了冰棍,先在寒风中冻,又在雪地里冻,又扔进冰河里冻,最后放在现代文明的冰柜里冻,挂在冷藏猪肉黄花鱼的冷藏室里冻。所以真正的恋爱者都面如白霜,体温二十五度,只会打牙巴鼓,根本不会说话,他们不是不想说话,而是已经不会说话,别人以为他们装哑巴。

所以,狂热的、残酷的、冰凉的爱情=胃出血+活剥皮+装哑巴。如此循环往复,以至不息。[1]

这是萨德主义在今天尚不确切的委婉胜利。如果说,苏格拉底为了真理之爱而不惜一死,彼特拉克为了灵魂之爱而不惜一死,薄伽丘则是为了身体之爱而不惜一死。而在萨德那里,身体之爱就是身体之死。为了获得爱,不必像前人那样浮夸和做作地以死作代价,而是在死中去爱,在爱中去死。性爱,在萨德那里获得了至高无上的主权。

---

[1] 莫言:《红高粱家族》,人民文学出版社 2007 年版,第 257—258 页。

转 向

第四章
爱的几何学和地理学

但在薄伽丘之后,在萨德之前的十七世纪,爱欲度过了一段乏味的时光。一种科学的对爱的分析在理性主义的旗号下开始了。笛卡尔和斯宾诺莎要为爱这样的情感建立一个科学解释模式。他们不把爱看作一种个体的独一无二的经验,一种充满偶然性的特殊经验,而是试图普遍性地去理解爱,去确定爱的一般定义,去科学地解释爱。这是十七世纪的工作。对爱的解释取代了爱的实践,爱是什么取代了对爱的体验,爱为什么发生取代了爱应该如何行事。爱的新的旅程的一个重大标志在于,现在爱开始和死亡脱钩。不再是在不朽和可朽之间定位爱,不再将爱置放在生命意义的地平线上。爱并不是对死亡的拒绝、替代或者同化,爱不是生命的全部激情和核心激情。从《会饮》《忏悔录》到《神曲》和《十日谈》漫长时期的爱的突出山峰在十七世纪被削平了。十七世纪没有爱的神曲。在委拉斯凯兹的《镜前的维纳斯》中,十六世纪提香笔下的坦率、活泼、直接的正面爱神被颠倒过来,十七世纪的爱神只留给我们一个神秘而弯曲的背影,一个模糊的镜中面孔,爱神开始害羞地显现。在十七世纪高乃依的《熙德》中,男女之爱的激情和地位已经降落在父子之爱和父女之爱之下。爱情,被父仇所抵消。爱情,在经受反复的盘算,而不再是绝对的自主冲动。为了父亲可以失去爱人,为了荣誉可以失去爱人,为了国家可以失去爱人;爱,不再是无条件的投入,不再是意志的强烈冲动,而只是凭借幸运和偶然的机遇而得以持续。爱,开始被理性地推算,它那种混沌的不可一世的盲目奔突终于被驯化了,既被理性所驯化,也被国家所驯化。

一旦爱的至高山峰被削平,在笛卡尔这里,爱就只是六种原初激情中的普普通通的一种:惊奇,爱,恨,高兴,悲伤,渴望。对爱的分析,就像是对其他几种激情的分析一样,它并无特殊之处。它和其他激情一样变成了一种一般知识。无论是笛卡尔的《论灵魂的激情》还是斯宾诺莎的《伦理学》中,爱并不占据主导位置。笛卡尔和斯宾诺莎都不会讲爱的故事,爱只有知识,而无戏剧。爱不是在人生的舞台上风格化地演出,而是在人的身体内部规范性地运转。也就是说,爱,在每个身体中都遵循相同的运动规律,就像恨也有同样的身体运作规律一样。在爱这样一种激情的名下,身体的血液流动,它的动物精气的运动,它的脉搏跳动,它的胃和心脏的反应,它的肌肉挤压,它的肝脏和肺脏活动,甚至它的食欲,它的皮肤,它的脸部和眼睛,它整个的身体状态,这身体的诸种生理过程,都呈现出同样的普遍规律,每一个身体都是如此,每一种爱都是如此:"同一种动物精气(les esprits animaux)的运动总是在一开始就伴随着爱的激情。"[1] 爱,就是对一种特定的生理过程的命名。同样,诸如恨、高兴、渴望等其他的激情也有自己特殊的生理规律。它们都是血液和动物精气的不同运行规律。这是爱的内在的身体运动,但也是一种灵魂运动:"爱是一种灵魂的激动情感,它由一种动物精气的运动所引发,这种运动有意识地使灵魂亲近似乎和它适合的事物。"[2] 灵魂对外在事物的亲近引发了爱,同时也

---

[1] 笛卡尔:《论灵魂的激情》,贾江鸿译,商务印书馆2016年版,第67页。
[2] 同上书,第51页。

导致了一种身体运动。在笛卡尔这最后的著作中,同其他的激情一样,爱,实际上将身体和灵魂的二元论拆掉了,身体和灵魂在爱这样的激情中交织在一起了,爱,既是灵魂的运动,也是身体的运动。灵魂和身体不再像笛卡尔先前断定的那样各行其道。

不仅如此,爱的推力,它的本源,是动物精气,但是,爱总是要指向一个外在的对象,没有对象,既不能产生爱,也不能产生恨。正是对一个适合我们的外在对象的亲近印象才引发了内在的动物精气。爱的身体的内在运转是由外在对象,一个好东西,一个适合我们的东西而引发的。这样,它实际上是内在的动物精气和外在的吸引对象联合产生的一个灵魂运动。同恨一样,它有内外的双重原因:"当一个呈现给我们的事物在我们看来是好东西的时候,也就是说是适合于我们的时候,这就使我们拥有了一种对该事物的爱,同样,当一个呈现给我们的事物在我们看来是不好的或是有害的时候,这就会激起一种恨的激情。"[1]

我们在这里看到,爱处在一个新的三重交汇点上:外在亲近对象和内在动物精气的交汇点;身体和灵魂的交汇点;生理学、机械学和哲学的交汇

---

[1] 笛卡尔:《论灵魂的激情》,贾江鸿译,商务印书馆2016年版,第41页。

点——它已经无限远离了古人对爱的定位和解释了。笛卡尔虽然像古人一样,将爱视作一种激情,但是,它是科学和理性视野中的激情,它是一种可以被理性尺度丈量的激情,它最终成为一种非激情。归根结底,爱的这种身体运动也是一种机器运动。因为"我们把这个身体看成一台神造的机器,安排得十分巧妙,做出的动作十分惊人,人所能发明的任何机器都不能与它相比"[①]。一旦是一种机器运动,爱就是非人的了。爱,脱离了欲望,脱离了偶然,它是去身体化的身体运动。爱的神秘和柔软,爱的快乐和忧愁,爱的纤细和暴烈,爱的永恒和短暂,爱的意义和真理,总之,关于爱的绵绵无尽的歌唱和想象,让位于对爱的生理过程的严谨探测。

显然,笛卡尔的生理解释在今天看来并不"科学",而且所谓的决定性的动物精气也是一个令人困惑的概念。不过,这并不重要。重要的是笛卡尔对爱的内在起源和内在生理过程所做的前所未有的科学解释。就像福柯所说的整个十七世纪是以"再现"作为它的知识型一样,笛卡尔旨在把爱的生理过程清晰地再现出来。他有一大段话精准地描述了爱这种激情运动中身体的内外运动过程。他

---

① 笛卡尔:《谈谈方法》,王太庆译,商务印书馆2000年版,第44页。

对解剖学也不陌生。描述和解剖,再现和科学,理性和可见性,有一种自如的结合。不仅如此,这样一部讨论激情的著作,是以严格的分类学方式构成的。就像是一部讨论科学的教科书一样,这样一部关于激情的著作,条分缕析,层次清晰,有一种严格的论证框架和结构,全书一共划分为二百多条论证性条目。伦理学正是在十七世纪开始试图获得它的科学性:不仅是伦理本身的科学性,还包括写作和表述的科学性。一种倾向于科学论证的写作形式围绕着伦理学的主题开始出现。这在稍后的斯宾诺莎这里表现得无以复加。

如果说,爱这种生理激情被科学化和普遍化,那么,对爱的关系,对爱恋双方之间的关系——它毫无疑问取决于两个人的偶然相处——是否可以进行科学化解释呢? 这看起来千差万别、毫无规律可循的独一无二的爱恋关系,笛卡尔还是试图用他的力学理论来解释和分类。他不是像苏格拉底和奥古斯丁那样依照爱的对象来对爱进行分类,而是按照恋爱双方中的爱的力学和强度来分类,这是一种全新的科学分类。对他来说,只有三种爱的类型,只有对对象强烈的爱、一般的爱和不太强的爱。爱的最终结果取决于爱恋双方力的强度和大小。

这是根据笛卡尔的运动定律得出来的结论:"在两个相互碰撞之物体的事例中……在相撞之后,较强劲的或较大的物体将决定新的组件的结合运动,同样,在由相爱者所构成的整体中,较强者的利益将决定较弱者所赞同的活动。"[1]用笛卡尔的话来说就是:"因为当人们觉得对一个对象的爱不如对自己的爱时,对他来说这就是一种简单的喜爱;当人们觉得对一个对象的爱和对自己的爱在程度上相等时,这就是友爱;当人们觉得对一个对象的爱要比对自己的爱更多时,这种激情就可以被称为虔诚之爱。"[2]他把爱恋关系根据爱恋双方的力的大小分为三类。他举的例子是,一个人对鸟和花的爱,肯定就强度和力量而言不及对自己的爱,因此,这就是喜爱;但是,有一种对他人的爱就和爱自己一样强烈,这就是友爱;还有一种是爱一个对象甚至超出了爱自己,这就是虔诚之爱。笛卡尔正是在这里,重新回到了奥古斯丁,这所谓的虔诚之爱,"其基本的对象毫无疑问是那至上的上帝,当人们对他有所认识时,就不会不对他充满虔诚"[3],爱上帝超过了

---

[1] 加波尔·鲍罗斯:《爱的概念》,吴树博译,上海人民出版社 2018 年版,第 71 页。
[2] 笛卡尔:《论灵魂的激情》,贾江鸿译,商务印书馆 2016 年版,第 53 页。
[3] 同上书,第 54 页。

爱自己,爱上帝的强度和力量超过自爱的强度和力量。爱,即便是用科学和理性的方式去解释,还是通向了残余的基督教。这是笛卡尔在十七世纪的一个特有的科学和宗教的调停。它用力学来解释和证实上帝。上帝是动力的最大值。上帝之爱是压倒性和决定性的爱,上帝之爱仍旧是起源,不过是以强力的理由获得的起源。在尼采那里,强力是起源,但与上帝无关,是没有上帝的强力。笛卡尔尽管相信科学,但还是相信上帝之爱永恒存在;而在彼特拉克那里,上帝之爱存在,但是,它不再是决定性的爱,不再是起源性的爱,它和灵魂之爱各行其道;在薄伽丘那里,上帝之爱也存在,但是以虚弱的形式存在,它无力地存在,以至它看起来似乎不存在;而在笛卡尔之后,斯宾诺莎同样对爱进行了几何学式的解释,但在这个解释中,上帝只剩下一个模糊的背影。爱,从斯宾诺莎这里开始,终于脱离了上帝。如果说笛卡尔三种爱的类型是为了重新解释基督教的上帝之爱,那么,斯宾诺莎的情感几何学几乎是对薄伽丘的哲学重写。他们的争执,从一个潜在的角度回应了薄伽丘和奥古斯丁的内在争执。

斯宾诺莎的《伦理学》的写作框架比笛卡尔还

要规范和严格。如果说,笛卡尔遵循的是情感动力学,斯宾诺莎信奉的则是情感几何学。他按照几何学的方式来论证情感,他设定一些不言自明的公设,进行一步步的推理和论证,从而得出他的情感结论。情感也是一种身体之力的变化。但他不单纯是从身体内部来讨论身体,而是将身体放在和其他身体之间的关系中来讨论。这是身体(物体)和身体(物体)之间的关系:"一个物体(身体)之动或静必定为另一个物体所决定,而这个物体之动或静,又为另一个物体所决定,而这个物体之动或静也是这样依次被决定,如此类推,以至无穷。"[1]"人体自身,在许多情形下是为外界物体所激动。"[2]"人身能在许多情形下移动外界物体,且能在许多情形下支配外界物体。"[3]人甚至能被不同的外界身体(物体)所同时激动。在另一个地方,斯宾诺莎更加感性地说道:"我们在许多情形下,为外界的原因所扰攘,我们徘徊动摇,不知我们的前途与命运,有如海洋中的波浪,为相反的风力所动荡。"[4]

这就是说,人的身体总是被外界的身体(物体)

---

[1] 斯宾诺莎:《伦理学》,贺麟译,商务印书馆2009年版,第57页。
[2] 同上书,第60页。
[3] 同上书,第61页。
[4] 同上书,第149页。

所扰攘、所挑动、所刺激。人的身体总是同外界的身体(外界的人或者物)发生感触。身体并非一种独立的自主之物,它总是处在一种关系中。而情感则被他理解为"身体的感触,这些感触使身体活动的力量增进或减退,顺畅或阻碍,而这些情感或感触的观念同时亦随之增进或减退,顺畅或阻碍"[1]。就是说,情感是身体的感触效果,它直接影响了身体的力量。它让身体的力量发生变化。情感和身体的力变密切相关:它有时候让身体的力量变大,有时候让它变小。但什么样的情感会使得身体活动的力量增大或减小呢?

斯宾诺莎大体分出三类情感:欲望、快乐和痛苦。"快乐与痛苦乃是足以增加或减少、助长或妨碍一个人保持他自己的存在的力量或努力的情感。"[2]这是快乐或痛苦的力量实践,具体地说,"一切情绪都与欲望、快乐或痛苦相关联……痛苦乃是表示心灵的活动力量之被减少或被限制的情绪,所以只要心灵感受痛苦,它的思想的力量,这就是说,它的活动的力量便被减少或受到限制"[3]。相反,只

---

[1] 斯宾诺莎:《伦理学》,贺麟译,商务印书馆 2009 年版,第 97 页。
[2] 同上书,第 146—147 页。
[3] 同上书,第 148 页。

要心灵感到快乐,它活动的力量、行动的力量、存在的力量就会增加。痛苦和快乐这样的相反情感引起了身体的力的相应变化。这是斯宾诺莎所反复宣称的,快乐的时候,身体之力增加;痛苦的时候,身体力量受到限制和贬损。这种力量的增加也可以说是一种主动,主动的心灵是没有痛苦的,只有快乐。在主动之中,在施与之中,在对他物(身体)的施与力量中,能感受快乐。快乐、主动、施与和活动力量的增加是一体的。反过来,被施与和受影响,悲苦,被动和活动力量的减弱是一体的。一旦处于受影响的状态,身体就会无能为力,毫无肯定性,"代表着我们的奴役状态,易言之,这是我们行动力量最低级的状态"[1]。

欲望呢?欲望既非痛苦,也非快乐,它是一种努力。如果说,"欲望的意义可以把人性中一切努力,即我们称为冲动、意志、欲望或本能等总括在一起"的话,那么,"欲望就是人的本质"。何谓人的本质?本质"被认作为人的任何一个情感所决定而发出某种行为"[2]。人的本质就是一种情感决定的行

---

[1] 德勒兹:《斯宾诺莎与表现问题》,龚重林译,商务印书馆 2013 年版,第 224 页。
[2] 斯宾诺莎:《伦理学》,贺麟译,商务印书馆 2009 年版,第 150 页。

为,这也就是欲望。情感所驱动的行为,就是欲望,就是人的本质。欲望意味着情感驱使去做,欲望就是情感行为,就是一种努力的意志。"所以欲望一词,我认为是指人的一切努力、本能、冲动、意愿等情绪,这些情绪随人的身体的状态的变化而变化,甚至常常是互相反对的,而人却被它们拖曳着时而这里,时而那里,不知道他应该朝着什么方向前进。"①

一旦将这样的情感冲动和努力,将这样的欲望看作人的本质,我们就可以说,情动(affect)乃是对人的本质的描述。我们可以从 affect(情动,或者情感行为和情感变化)的角度来界定一个人。一个人的存在方式就是他的情感变化。我们可以从情感、情感运动、情感变化的方式来确定一个人的存在。我们甚至可以说,人是一个情感存在,一个始终在发生变化的情感存在。人的存在就是情感活动,affect 是人的生存样式(存在之力)。而这个情感既是身体性的(活动之力),也是心灵的(思想之力)。欲望和情感行为是人的本质,这意味着,人不应该被还原为一种对象和观念,就是说,人不应该被确定和还原为一个存在者,一个稳定的静态的存在

---

① 斯宾诺莎:《伦理学》,贺麟译,商务印书馆 2009 年版,第 151 页。

者。就如同海德格尔所说的,人应该从存在而非存在者的角度去断定,人应该从他的冲动欲望,从他的情感活动去判定。而不是像柏拉图主义那样将它纳入更高一级、更抽象、更稳定的概念系统中,它不是一个被表象之物或者被派生之物。在此,斯宾诺莎和德勒兹要讨论的,不是人(身体)是什么,而是人(身体)做什么,能做什么。我们应该从人的动作和谓语,应该从人的存在方式的角度来断定人。

如果人的情感只有这快乐、痛苦和欲望(既非痛苦也非快乐的情感驱动和努力)三种类型的话,爱当然应该归属于快乐情感。"爱是为一个外在原因的观念所伴随着的快乐。……有些著作家对爱所下的界说,谓爱为爱者要求被爱者合而为一的意志,这只是表示爱的特质之一。未能说出爱的本质。"[1]斯宾诺莎并没有否定阿里斯托芬、亚里士多德一直到笛卡尔以来将爱定义为同一性的结合这一传统。但是,这不是爱的本质,爱的本质是一种情感,一种快乐的情感。如果是快乐的情感的话,爱就是外在原因而导致的身体力量的增加,它就是一种主动行为,一种积极行动。也就是说,爱是一种主动而积极的力的变化,是身体之力的变化。这

---

[1] 斯宾诺莎:《伦理学》,贺麟译,商务印书馆 2009 年版,第 152 页。

样的身体之力有各种各样的变化,它可以因为对象的变化而变化,甚至因为对象的消失而消失,因为新的对象的出现而重新出现。"如果我们使心中的情绪或情感与一个外在原因的思想分开,而把它与另一个思想联接起来,那么那外在原因的爱或恨以及由这些情感所激起的心灵的波动,便将随之消灭。"[1]如果爱是一种情感和力的变化过程,那么,爱就是不稳定的,爱不能用笛卡尔所说的几种类型来框定。斯宾诺莎对情感和爱的理解实际上打开了爱的流动性的一面。爱的特点不是有一个不变的本质,它的本质恰恰是有可变性,是力的变化过程。爱,从斯宾诺莎这里开始,脱离了一种永恒性诉求。爱不再将永恒和不变作为目标。爱恰恰是易变的。海枯石烂的爱恰恰是对爱的误解,是对爱的剥夺和压制,并没有所谓的理想之爱和永恒之爱。就像蒙田所说的那样,当你爱一个人的时候,你就想到有一天你会恨他;当你恨一个人的时候,你会想到有一天你会爱他。爱仅仅是一种情感上的快乐,但是,是一种可变性的快乐,是一种多样性的快乐,也是一种可以随时消失的快乐。因为对象是多样的和可变的,每一次跟对象的结合关系也是可变的。

---

[1] 斯宾诺莎:《伦理学》,贺麟译,商务印书馆 2009 年版,第 240 页。

这是因为情感和爱是在关系中产生的,"情绪的本性或本质不是单独通过我们的本性或本质所能解释,但必须通过外界原因的力量亦即外界原因的本性与我们的本性相比较所决定"[1]。爱,是我的本性和外界本性在关系的对照中产生的。因此,任何一个个体都不能单方面地将爱确定下来。不仅如此,"只要人们为情欲所激动,则人与人间彼此的本性可相异,只要同是一个人为情欲所激动,则这人的本性前后可以变异而不稳定"[2]。建立在多样性的关系的基础上的爱是可变的,甚至同一个人的情欲和本性也是可变的。即便关系不变,关系中的个体情欲仍旧可变。蒙田在斯宾诺莎之前就已经是斯宾诺莎主义者了:"情欲的火焰更旺,更炽烈,更灼人。……但是这种火焰来得急去得快,波动无常,蹿得忽高忽低,只存在于我们心房的一隅。"[3]我总是在爱,但是,我不抱爱的执着幻想,我不知道我最终爱的会是谁。我只是相信,"今天的欢乐将是/明天永恒的回忆……亲爱的莫再说你我永远不分

---

[1] 斯宾诺莎:《伦理学》,贺麟译,商务印书馆 2009 年版,第 192 页。
[2] 同上。
[3] 蒙田:《论友爱》,载《蒙田随笔全集》(第 1 卷),马振骋译,上海书店出版社 2009 年版,第 169 页。

离/你不属于我/我也不拥有你"[1]。

如果说在笛卡尔那里通过这种比较只有三种类型的爱的话,那么,在斯宾诺莎这里则可以说有无数类型,斯宾诺莎预想了爱的繁复性和多样性,这是因为爱的对象与爱的主体本身的繁复和多样性,他们的结合和关系的多样性。爱只是一种身体活力的无穷无尽的变化,它无法分类。没有喜爱、友爱和虔敬之爱的分别,爱的关系内部从不稳定。对笛卡尔来说,爱是一种有规律的身体的内部运动;对斯宾诺莎来说,爱是一种无规律的差异性的力的活动,一种充满了不同强度的情感活动。

因此,与其像笛卡尔那样将爱划分为几种机械类型,每一种爱都可以被这几种类型捕获,不如说爱是一个永恒的变异过程,是一个不断的生成过程,是一个无法用类型来概括的情感过程。斯宾诺莎的爱,不是一个笛卡尔式的"模型",而是一个德勒兹意义上的"事件"。如果爱一直在变化,爱的个体的情感一直在变化,爱的双方关系一直在变化,在变强、变弱,在失去爱,又重新获得爱——这整个过程都是爱的过程,是爱的事件,是爱的力量的强

---

[1] 罗大佑:《恋曲1980》,收录在罗大佑1982年4月21日发行的专辑《之乎者也》中。

化和减弱,那么,就没有一个爱的生理规律,没有一个爱的固定定义,也没有一个爱的终极目标。爱要达到什么？什么是最标准的爱、最典范的爱、最为人称道的爱、最激动人心的爱？什么行为实现了爱的本质？这一切都没有答案。爱只有一种爱欲双方关系的内在性,一种变动不居的内在性,一种协调、适应和合奏的内在性,这种内在性关系会适应任何轻微的撬动,会向任何变化性开放。无论如何,爱只是一种变化着的快乐情感,一种由双方关系所导致的奇怪的幸福:"它是由一个身体的特有关系与另一个身体的特有关系所构成。而那种灵活性或节奏使你有能力去呈现你的身体,继而也呈现你的灵魂,根据与另一个身体特有的最直接构成的关系去呈现你的灵魂或身体,你可以感觉到这是一种奇怪的幸福。"[1]除了这种感觉上的快乐和幸福之外,爱并没有什么共同之处。

正是因为这种结合的偶然性和可变性,爱不再是对一个人的主体或者实体的确定,而是不断地摧毁主体和实体的概念。爱让双方彼此受到影响,彼

---

[1] 语出德勒兹于 1981 年 3 月 17 日在巴黎第八大学关于斯宾诺莎的课堂讲授。文献来源：https://deleuze.cla.purdue.edu/seminars/spinoza-velocities-thought/lecture-13。

此获得感受,彼此情动,爱的双方处在情动关系中。就此,主体让位于一种结合的关系,一种爱的双方的感受和被感受的关系,更准确地说,是一种关系样式,这种关系样式是随时可变的:"你不会以其形式,也不会以其器官或功能来界定身体(或心灵);你更不会把它界定为一个实体或主体。斯宾诺莎的每个读者都知道,在斯宾诺莎看来,身体和心灵都不是实体或主体,而是样式。然而,如果只从理论上思考这个问题,那是不够的。因为,实际上,样式就是快与慢之复杂的关系,在身体里和在思想里都是这样,而且,它是身体的或思想的一种施加影响和遭受影响的性能。实际上,如果你界定身体和思想为施加影响和遭受影响的性能,许多事物都会改变。你不会以其形式,也不会以其器官和功能来界定动物或人,更不会把它界定为主体;你会以它所具备的感受来界定它。"[1]爱不是对稳固的主体同一性的确定,而是对它的摧毁。爱让人六神无主。这和笛卡尔相反,笛卡尔一再用主体心灵功能来确证激情和爱,也用激情和爱的规律来确证主体的同一性。对笛卡尔来说,爱是主体内部的激情;对斯

---

[1] 德勒兹:《斯宾诺莎的实践哲学》,冯炳昆译,商务印书馆 2004 年版,第 150 页。

宾诺莎来说,爱是摧毁主体的激情。

爱的这种非主体性,在另一个意义上,也意味着每一个身体、每一个事物都有一种特有的快与慢的关系。每一个个体都有自己特有的速度和强度,每一个个体本身就是一种关系,一种独一无二的内在性关系,一种可变的内在性关系。正是这一点,也使得个体一直处在一种不稳定状态。"一个形体可以是任何事物;它可以是一个动物,一组声音,一个心灵或观念;它可以是语言素材,社会团体,共同体。对于在按这个观点组成形体的诸微粒子之间,也就是说,在非构成的诸要素之间的一套快与慢,动与静之关系,我们称之为某形体之经度。对于每时每刻充斥形体的一套感受,也就是说,一种无名力量(生存之力量,遭受影响之性能)之强化状态,我们称之为纬度。我们这样就建立起一个形体之平面图。经度和纬度合在一起构成大自然,内在性或一致性之层面,它总是可变的,而且不断被个体和共同体所修改,组合,再组合。"[1]爱的个体同样如此,同样是变化的形体和变化的形体的结合,同样结成一个全新的形体样式。这强化了爱的不稳

---

[1] 德勒兹:《斯宾诺莎的实践哲学》,冯炳昆译,商务印书馆2004年版,第154页。

定性。而且，每一个爱的个体，除了和爱的对象进行结合外，他还和其他的对象发生结合。他同时是多种多样的结合，他同时遭遇各种各样的影响，产生各种各样的感受，每一个爱的个体都置身于一个关系中，一个感受的内在性平面中，一个情感的共同体中。他带着共同体全部的感受与影响去和爱的对象进行结合。他可能带着整个家庭关系，带着父母兄弟这样的关系，带着他的整个社会关系去爱一个对象，他甚至会带着一个婚姻关系去爱一个婚姻外的对象，这使得爱不仅是个体和个体的结合，还是关系和关系的结合，共同体和共同体之间这诸多关系内在性平面的结合。当爱的个体置身于一个未有爱恋关系和婚姻关系的状态的时候，他相对容易跨入爱的关系中，而且在努力寻找和建构这种关系。但是，一旦他已经置身于一种爱恋关系中，他的即将开始的新的爱恋关系就变得困难重重。他要抛弃旧关系来发展新关系。他在抛弃旧关系与建立新关系之间变得筋疲力尽。安娜·卡列尼娜、林黛玉、罗密欧和朱丽叶就束缚于这种关系的大网之中而死。而歌德的《亲和力》则编织了一个关系和关系的内卷图。夏绿蒂、爱德华、奥托上校和奥蒂莉四个人之间的爱情变化一直携带着各自的先前的情感关系。这种情感关系在四个人之间不断地发生组合和变化。爱的关系、爱的共同体在反复改组,爱在关系中减弱了、消失了,又转移了、强化了。爱在几个人之间进行一种轮回游戏:既是一个共同封闭的圈子游戏,也是一个差异的圈子游戏。爱的悲剧就在于爱者无法摆脱他的先前关系来爱,无法从一个先在的共同体中单独走出来而爱,无法以一个绝对的清白的独立个体来爱。就像今天被人津津乐道的娱乐明星圈子一样,爱在一个彼此相互熟悉的亲密的圈子中流转,每个爱者都携带着一个交叉的情感关系,到处传递、侵蚀、组合和滋生爱。爱一直在和一个关系、一个共同体进行编码及解码的戏剧性游戏。

爱可以在一个人群圈子中流变,也可以在完全陌生的人那里发生。就像每一种关系、每一个共同体都是特殊的一样,每一种爱和其他的爱都不同,每一种爱在不同时间内也不同。爱的动力学,爱的规范,爱的生理学,都在这样的爱的可变性和流动性面前失去了根基和秩序。我们可以爱上不同的人,可以爱上爱自己的人,也可以爱上不爱自己的人。可以同时爱上不同的人,可以以不同的情欲爱不同的人,可以在不同的时间有不同的爱欲强度。

如果说,在亚里士多德这里,"爱是一种感情上的过度,由于其本性,它只能为一个人所享有"[1],那么,对于斯宾诺莎来说,爱不可能只为一个人所享有。

每一种爱都是关系中的爱,都具有一种关系的独一性。爱就是在差异中运转,就是依靠差异而运转。从未有过绝对相同的爱。爱在不同的人之间流转,爱是流变之爱,甚至是交换之爱——爱画出了一条逃逸线,一条连接线,各种各样的或明或暗之线。实际上,这就是薄伽丘的爱的繁复和多样性的地理学。《十日谈》中的爱就是多样性、可变性、繁殖性的爱。这是爱的多重奏。爱创造了各种各样的奇特关系,各种各样的关系创造了各种爱的形式和爱的地图。但无论是哪种爱,都伴随着快乐。只是随着爱的变化,快乐也发生变化。如果说,笛卡尔试图借用爱的双方的关系中至高性的虔诚之爱来回应奥古斯丁的上帝之爱的话,斯宾诺莎则是薄伽丘式的:爱的多样性、爱的地理图、爱的逃逸线,以及爱的现时快乐。

---

[1] 亚里士多德:《尼各马可伦理学》,廖申白译注,商务印书馆 2003 年版,第 239 页。

《哀悼基督》,乔托,约 1305 年

　　一群女人为一个男人的死去而痛不欲生。这是基督教意义上的失去,也是世俗意义上的失去;这是宗教之爱和人神之爱的崩塌,也是人间之爱和男女之爱的崩塌。

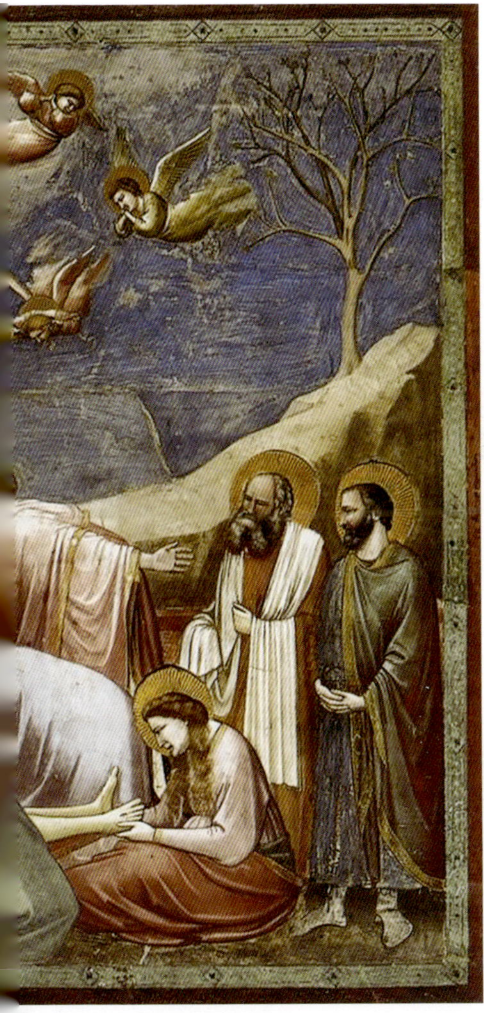

《根特祭坛画》,凡·艾克兄弟,1415—1432 年

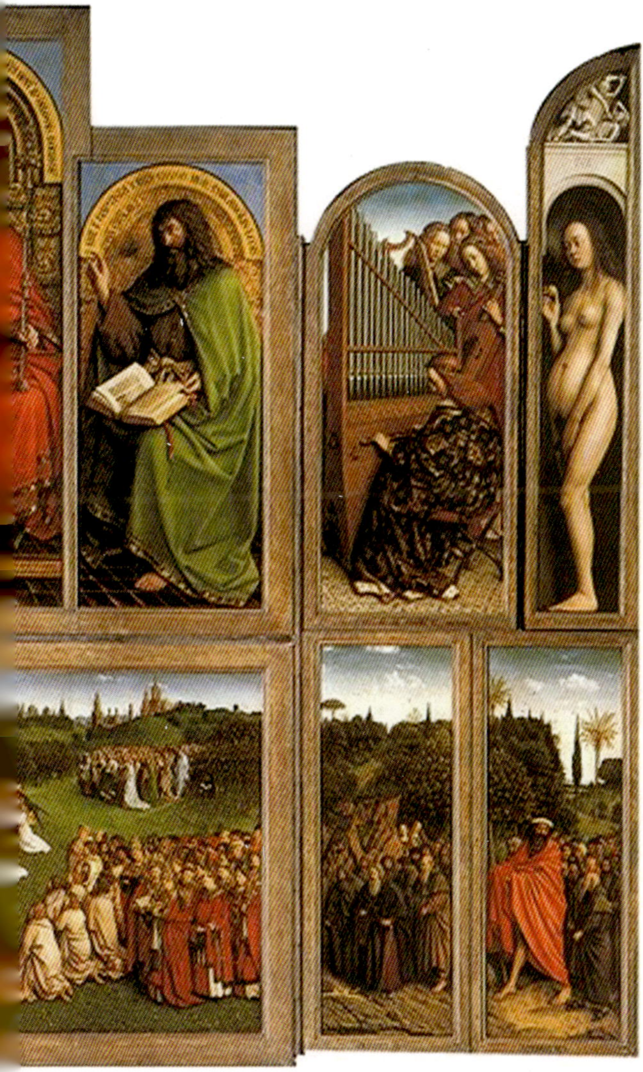

《根特祭坛画》（局部：亚当与夏娃）

凡·艾克兄弟笔下的裸露的亚当和夏娃虽然没有强烈的罪恶感，但是，他们用手遮挡了他们的性器官。他们既没有罪恶感，也没有炫耀。

《逐出伊甸园》,马萨乔,约 1427 年

马萨乔将一个惩罚性的驱逐行为,即天使将亚当和夏娃驱逐出伊甸园的行为,挪用为一个赤裸男人和一个赤裸女人的身体展示行为:阴茎和乳房是通过罪的展示而得以展示的。性爱既展示了它的罪恶,也展示了它的魔力,它的魔力就是它的罪恶。

《天上之爱与人间之爱》,提香,1514年

  不同的爱,无论是神圣之爱还是世俗之爱,无论是永恒之爱还是有限之爱,她们并没有高低之分。她们在同一个平面上比肩而坐:纯洁、赤裸、毫无牵挂的天上之爱试图接近人间之爱,而那略带愁容、内心世界像她的衣裙一样复杂曲折的人间之爱沉浸在自己的世界中,她对天上之爱的垂青毫无兴趣、毫无感知。她自己的凡俗之爱似乎让她陷入困惑。她沉浸在自己迷茫的爱的世界中。

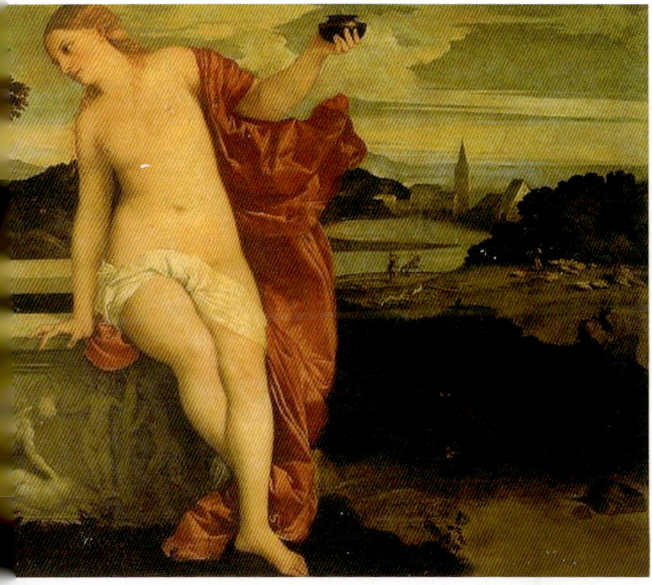

《乌尔比诺的维纳斯》,提香,1538年

  一个女性自然地打开了自己诱惑性的身体,她在自己的身体中陶醉不已,她一脸轻松地将身体暴露给一切画外的观众,身体的罪恶感随着那只手对器官的遮掩式抚摸而被彻底抹去了。

《镜前的维纳斯》，委拉斯凯兹，1647—1651年

提香笔下的坦率、活泼、直接的正面爱神被颠倒过来，十七世纪的爱神只留给我们一个神秘而弯曲的背影，一个模糊的镜中面孔，爱神开始害羞地显现。

《维纳斯的诞生》,布歇,1740年

《日落》，布歇，1752 年

　　薄伽丘那种愉快而单纯的情欲通过十六世纪提香的偶然传递而到达了十八世纪的布歇那里，而布歇则将这种情欲变得更飘浮、更颓靡、更迷幻。

《但丁与贝雅特丽齐》，亨利·霍利迪，1884年

　　但丁借助维吉尔的理性否定了尘世及尘世之爱，而在克服了维吉尔的理性之后，他终于进入天堂并获得了和贝雅特丽齐的天堂之爱。

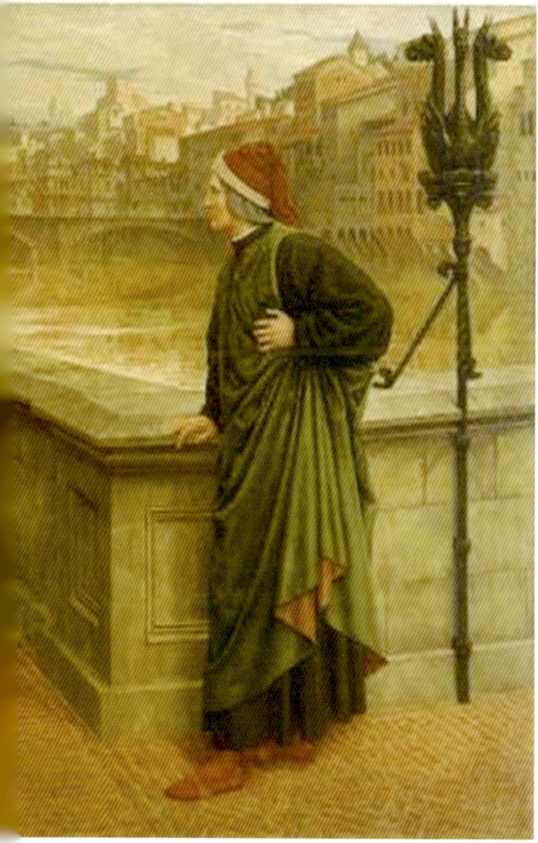

下篇

爱欲的政治

上篇

炎帝的政治

第五章
承 认

笛卡尔和斯宾诺莎都是通过力的关系来解释爱,爱是一种力和力的关系。前者按照力的大小关系将爱划分为几种类型,后者则按照力的流变关系打碎了爱的任何类型。如果说他们都强调爱导致了身体内在的规律或者无规律的可变性的话,他们实际上没有涉及爱对主体的塑造,即爱确定了怎样的主体性。主体在爱的过程中会获得一个什么样的形式?对笛卡尔而言,爱的主体最终应该回到对上帝保有虔诚之爱的基督徒构型,这是卑微的虔敬的主体形式。而斯宾诺莎干脆摧毁了爱的主体性。斯宾诺莎认为爱实际上是不断地摧毁主体性,因为爱的力本身的不稳定性,使得主体处在一个持续的变化过程中。但是,在黑格尔这里,爱还是确定了一种主体的诞生。对于冷酷的黑格尔而言,彼此承认的主体只有通过爱来达成。黑格尔通过爱来化解主奴之间的永恒竞争。如果说黑格尔相信,正是爱让自己成为主人,作为黑格尔的反面,列维纳斯则认为爱应该让自己成为奴隶。

对黑格尔来说,人和动物的差别,或者说,人的生命和动物的生命的差别就在于,动物的一切本能就是求生的本能,而人超出动物之处,就在于他超越了这种求生本能,他有冒生命之险的欲望。冒险就意味着要与他人战斗,战斗可能会失去生命。但人为什么不惜冒生命之险去战斗,去克服动物的求生欲望呢?战斗的目的就是要获得对方的承认。即"我想要他将我的价值'承认'为他的价值。我想要他'承认'我是一个独立的价值"[1]。这样,冒生命之险而战就是要获得他人的承认。这样,人有两种斗争,一种是为了利益而斗争,一种是为了承认而斗争。前者也是动物的斗争,是人和动物的共同方面,是基于求生本能而去斗争,斗争的目的是在和他人的竞技中获胜,进而获取利益并存活下来。但是,只有人还为承认而斗争。动物只寻求利益,不

---

[1] 亚历山大·柯耶夫:《黑格尔著作导论》,载《生产》(第一辑),汪民安主编,广西师范大学出版社2004年版,第416页。

寻求名望,而人不仅要寻求利益,还要追求名望和尊严,也就是追求被别人承认,追求自己的价值能被别人认可。在这个意义上,人是动物,不过是需要被承认的动物。人只有在承认中才能有尊严感。如果从未被承认过,从未因为承认而获得自尊,那么,这样的人就是动物,他单纯地活在自己的求生本能中,就如同动物那样单纯地活着。

如果说,人总是和人共同生活,人总是在关系中的人,那么一个没有加入群体的人就不能算是人。也就是说,人总是要和他人相处才可能成为人。如果说,追求一种共同生活就是政治的话,那么,每个人的政治生活就是为了追求自己的尊严。实际上,人活在世上,人活在人群中,人活在政治中,一直是在为承认而斗争。"所有人类的人性的欲望,即产生自我意识和人性现实的欲望,最终都是为了获得'承认'的欲望的一个功能。"[①]霍布斯说,在自然状态下,人和人的关系是狼和狼的关系,他们总是要斗争,总是为了食物利益而你死我活地斗争。他们彼此是威胁,我要活下来,就要让你死去,这就是你死我活的斗争。这是要力图杀人,以

---

① 亚历山大·柯耶夫:《黑格尔著作导论》,载《生产》(第一辑),汪民安主编,广西师范大学出版社 2004 年版,第 416 页。

消灭对方为目标的斗争。但是,黑格尔说,人都想获得别人的承认,谁都想得到对方的承认,那么,就只好进行斗争了。人和人的关系也是永恒的为承认而斗争的关系。如果是为了寻求承认的话,胜利的一方就不能杀死失败的一方。如果将失败方杀死的话,就没有人来承认你。因此,这不是导向最终杀人的斗争,这是征服而不是消灭的斗争。胜利的一方征服失败的一方,但不是将失败的一方剁成死寂的尸体,而是让他成为驯服的奴隶,失败的奴隶就开始承认他的主人。这就是主奴关系的形成。在某种意义上,主奴关系形成,人得到承认,这就是人类社会的开端,只有被承认的人才开始算是人。人并非在和平之中诞生。"他们的相遇只能是一场死亡之战。仅仅是经由这场战斗,人性现实才能产生、形成、实现,并向他人和自身显现。"[①] 从这个意义上来说,人类一直是战争的社会,一直是个等级社会,一直是主奴关系的社会。我们可以说,一直是个不平等的社会。黑格尔有一个无与伦比的主奴关系的辩证颠倒,但是,这个颠倒不仅没有消除,而且强化了人类永恒战争的铁律。

[①] 亚历山大·柯耶夫:《黑格尔著作导论》,载《生产》(第一辑),汪民安主编,广西师范大学出版社 2004 年版,第 416 页。

但是,如何消除这样以战争为法则的主奴关系和支配关系呢?也就是说,如何消除这样的为承认而战斗的人际关系呢?我们看到,爱在此也许会发挥一个重要的作用。爱不仅仅是单纯的情感问题,爱和承认相关,爱可以对主奴这种永恒的二元政治结构进行反思性的批判。在两个人中,爱的关系、爱的机制到底是如何运转的呢?两个相爱的人说得最多的是"我爱你"。当其中一个人首先对另一个说"我爱你",这个"我爱你"到底是什么意思呢?当你说出"我爱你"的时候,最期待的是对方也说出"我爱你",就是让对方回应你的爱。当对方回应了"我爱你",这就是相爱。所谓相爱,就是爱着对方对你的爱。

当彼此都在说"我爱你"的时候,我们可以回到巴迪欧。他认为彼此说"我爱你"意味着一种允诺,一种爱的宣言,一种坚持和表达。巴迪欧说:"爱的宣言想说的总是:那曾经是偶然的一切,我想从中获得更多。从这种偶然,我想获得一种持续,一种坚持,一种投入,一种忠诚。"[1]什么是忠诚呢?忠诚恰恰意味着一种过渡,从一种偶然到坚持的建构,

---

[1] 巴迪欧:《爱的多重奏》,邓刚译,华东师范大学出版社2012年版,第76页。

从而让偶然变成命运,偶然的相爱通过彼此不断的宣誓就变成了命运,这显然就是对未来的承诺。这种爱的宣言意味着,爱的永恒就是对偶然性的征服。巴迪欧实际上将"我爱你"这个宣言理解为"我永远爱你",爱你就是我的命运、我的真理。如果从黑格尔的观点来看,这样的理解远远不够。如果彼此都向对方宣誓"我爱你"的话,实际上是相互承认,是此时此刻的承认:当我说出"我爱你""我在乎你""我呵护你""你对我无比重要""我可以为你献身"这样的表白的时候,这就意味着你对我具有无与伦比的价值,你在我这里获得了最高的承认,你是我的主人,你的尊严得到了满足。人是寻求承认的动物,只有听到"我爱你",承认才得到最彻底的实现。人们听到所爱的人对自己说出这句话时会感到令人陶醉的幸福,这幸福就是源于被承认,是寻求尊严的人性得到了满足。"我爱你"是最纯粹的、最强烈的、最极端的承认,因此也是人性最纯粹、最大限度的满足。

反过来,当我向你说"我爱你"的时候,我绝对承认你的时候,我难道不是有所期待吗?我不是在期待你的回应?也就是说,"我爱你"从来不是喃喃独白,它在呼唤、等待、期盼,甚至是要求对方也回应这三个字,说话者也期待成为对方的爱的对象。如果对方没有如预期那样说出"我爱你"的话,我就会重复地说,会一直说下去,直到对方回应,直到确认了自己的被爱的客体地位才会罢休。"爱"最终是要求回复和回应的爱,没有无穷无尽的纯粹的不要求回应的爱,没有只单方面承认对方的爱。当你不断地说"我爱你",而对方从未用同样的话来回应你的时候,你最终会停止爱的宣言。因此,"我爱你"这三个字从根本上来说,还是为了让对方也说出"我爱你",还是为了自己也被承认,还是为了满足自己的尊严,为了实现自己人性的满足。这是每一个人在向另一个人说出"我爱你"的时候的根本需要。当我听到你对我说"我爱你"的时候,我的幸福感和满足感瞬间就出现了。我和你一样,在这种爱的彼此宣言中,在"我爱你"这样的彼此应答中同时得到了承认。在这个意义上,爱能达成相互承认、相互肯定,也只有在这个时候,主奴关系、等级关系、支配关系、权力关系和差异关系才真正地被消除。就此,爱有一种政治的功能,爱让相爱双方的承认感、尊严感,以及人性都获得了最后的满足。

当然,人有各种各样的承认形式。但是最高级的、最宝贵的、最人性化的承认就是爱的承认。我们也可以说,在某种意义上,一个没有得到爱的人,或者是从未得到爱的人,没有在爱情中沐浴过的人,没有得到真正的爱的回应的人,就是从未被真正地承认的人,也就是没有得到最后的、绝对的、最高级的承认的人,也可以说是从未体会到最高尊严的人。有各种各样的承认,有爱的承认,还有权力的承认,但是爱的承认是最高的承认。如果说,政治就是安排和组织人与人在一起生活,那么,爱的政治应该是被创造出来的终极政治,一个激励爱的政治就是一个相互承认的人性实现的政治。为了实现人的完整,必须要有一个现实政治,而这样的政治,必须创造一个让爱能大行其道的政治。就像阿伦特所说的,政治,就是要去爱这个世界,爱这个世界的人。

对于黑格尔来说,这样的爱的政治是在绝对精神里完成的。如果说人类历史的开端是通过战争的方式来发起的承认,是战胜者迫使失败者作为奴隶来承认他为主人的话,那么,人类历史的终结应该是通过爱的方式来完成的最后的相互承认。如果说,最初的单向承认的核心手段是战争,那么,最后的双向承认就是爱,爱可以化解由战争导致的这种单向承认。爱的承认,是人和人之间的相互承认。这是黑格尔的理想的历史状态。作为一个历史主义者,黑格尔认为,人类一定会发展到这个特定的以爱的方式来获得承认的终极阶段。战争、强制和奴役的消失就是政治的终结,这也是历史的终结:"人类时间或历史的终结……就其实践意义而言,这就意味着战争和血腥革命的消失。它也意味着哲学的消失,因为人类不再进行根本的变革,由于他对世界的认知和对自我的认知,也不再有什么理由去改变(真实的)原则。但是,其他的事情还可以无限地继续:艺术、爱情、游戏等等,简言之,一切令人愉快的东西还将继续。"[1]

但爱是如何意味着相互承认的呢?或者说,为什么爱能意味着相互承认呢?对于黑格尔来说,爱从根本上就是消除两人的差异,是两个人各自消除独特性而彻底地合并在一起。爱就是合二为一。如果存在差异或者分歧,就不可能相互承认。对于人的开端而言,人之间存在差异,所以要获得承认,

---

[1] 亚历山大·柯耶夫:《黑格尔著作导论》,转引自《色情、耗费与普遍经济:乔治·巴塔耶文选》,汪民安编,吉林人民出版社 2011 年版,第 260 页。

只能是强迫性的,只能借助战争,战争的胜利者迫使失败者承认他。而黑格尔还有一种理想之爱,一种非强迫性的承认之爱。黑格尔把他的哲学与理想的爱结合起来,他的所谓的"扬弃",就是否定自己过去的某一部分东西,借助这种否定而获得某种新的肯定。爱首先是以对自己的否定为条件的。什么是爱情?黑格尔认为是一个主体放弃并否定自己的独立意识和存在,把自己抛射给另一个性别不同的个体。也就是说,我应该把我自己这个单独的主体所包含的特异性,把我的过去和现在都否定掉,我否定掉我后,我才可能全部渗透和融入另一个人的意识里,成为另一个人的意识,成为这个对象的意识。如果不否定自己,保留自己的特异性,就可能和对方发生抵牾、矛盾及碰撞,就不可能获得同一性。反过来对另一方来说也是如此,也要否定自己进入一个新的同一性中。在彼此舍弃自我的情况下,"对方就只在我身上生活着,我也就只在对方身上生活着;双方在这个充实的统一体里才实现各自的自为存在,双方都把各自的整个灵魂和世界纳入这种同一里。……爱情的主体不是为自己而存在和生活,不是为自己而操心,而是在另一个人身上找到自己存在的根源,同时也只有在这另一个人身上才能完全享受他自己"①。这种否定自我最后也肯定了自我,不过不是原初意义上的自我,是合二为一的新的自我,是在另一个自我身上的自我。一个新的自我肯定是通过自我否定而实现的。所以他说,"爱的真正本质在于意识抛舍掉它自己,在它的另一体里忘掉了它自己,而且只有通过这种抛舍和遗忘,才能享有自己,保持自己"②。这样通过否定一个旧的自我而获得的新的合二为一的自我,才是爱的实质效果。这样的爱也具有极高的价值:它会令人感动。这是因为爱者是主动地否定自己的主体性,他的否定来自自身而不是来自他人的否定,正是在这个意义上,这个否定具有自我牺牲的特征,爱因此具有令人感动的品质,这也是爱的利他主义色彩,爱也因此应该获得特殊的神圣的道德颂词:"主体就是一颗独立自持的心,为着爱,就须抛开这颗独立自持的心,要舍弃自己,牺牲个人的独特性,就是这种牺牲形成爱里的感动人的因素,爱只有在抛舍或牺牲里才能活着,才能感觉到自己"③,"爱本

---

① 黑格尔:《美学》(第二卷),朱光潜译,商务印书馆1979年版,第326—327页。
② 同上书,第300页。
③ 黑格尔:《美学》(第三卷·上册),朱光潜译,商务印书馆1979年版,第246页。

身并不表达应该;爱不是一种与特殊性对立的普遍物;不是概念的统一性,而是精神的团结一致,是神圣性"[1]。

这就是黑格尔的否定哲学。我和所爱者达成一体,要获得爱的肯定,那么爱的双方都要把自身的特异性否定掉,达成一个新的同一性。这就是爱的运作过程。爱活在自我抛弃和牺牲中。爱的结合就是完全的重叠。我们一定要注意,爱不是只有某一个人否定自己,然后进入并适应另一个人的世界。如果你住到对方的意识中,而对方没有否定自己,他还是保持着自己的特异性,他没有住到你的意识中,这就不是一个重叠式的、双方都自我否定的爱。这对黑格尔来说不是爱,单向的爱不是爱。单方面的自我牺牲往往是爱的否定、爱的悲剧。当一个人拼命地去适应另一个人而不要求对方适应他(她)的时候,他(她)是爱的囚徒,这不过是通过战争而形成的主奴关系的翻版。金庸笔下的游坦之在一个叫阿紫的女人面前绝对地自我否定来迎合阿紫,他听从阿紫的一切安排,甚至挖下了自己的眼睛来治疗阿紫的瞎眼。但是,阿紫一直保持着

---

[1] 转引自张世英主编:《黑格尔辞典》,吉林人民出版社1991年版,第623页。

自己的特异性,她从未自我否定来适应他和承认他。游坦之的这种单向之爱无法激发爱的相互承认。这仍旧是主奴关系,不过不是强制性的而是甘愿为奴的主奴关系。

爱要两个人都自我否定从而适应对方,爱意味着彼此相爱。这样的爱才是相互的和平等的。爱最终导致的是平等。平等是爱的一个必然结果。正是在这里,爱是通向现代民主政治的一个必要手段。黑格尔借助于自我否定而获得的承认之爱,最终达成的是一种以平等为核心的政治结合。这样的结合,这样的相互承认的平等结合,就意味着人和人之间不再有争斗,人和人之间不再有否定,历史也不再被否定。如果是这样,历史就达到了一个终极状态。这也是最后的人的状态。这也是从柯耶夫到福山所宣称的历史的终结状态。这样的结合,不仅肯定了承认,肯定了人性,最根本的是还肯定了生命。因为人的生命的实质就是被承认。"真正的结合、真正的爱只出现于有生命的存在中,这些有生命的存在具有同等的力量,并彼此相互承认对方是有生命的,没有一方对对方来说是死的。……在爱中生命找到了它自身,作为它自身的双重化,亦即生命找到了它自身与它自身的合一。生命必须从这种未经发展的合一出发,经过曲折的圆圈式的教养,以达到一种完满的合一。"①

如果我们抛开具体的个体之爱而将它上升到人类之爱的话,或许,历史终结的要求就是所有不同的团体(无论它是一个社群,还是一个民族、一个国家)都要自我否定。这是黑格尔式的以承认为核心的不同于康德的"永久和平"论。实际上,就像康德构想的永久和平论从未实现过一样,自黑格尔以来的历史终结论被反复地宣称,但是历史一直没有终结,爱的平等和承认政治从未普遍化。

对拉康来说,这样的爱的平等和承认政治过于理想化了。拉康比黑格尔现实和冷酷得多。在他看来,爱并不是通向平等,甚至不是通向相互承认,爱从根本上来说就是自爱。爱,就是为了让自己得到承认。他认为爱别人从根本上而言就是爱自己。并不存在真正的对他人的无私的爱。当一个人说"我爱你"的时候,他确实也在等待对方的同样回应。但是,同黑格尔和巴迪欧不一样的是,这样的回应才是我说出"我爱你"的最终目标。我爱你,我以爱你的方式来承认你,最终是为了让你也爱我,

---

① 黑格尔:《黑格尔早期神学著作》,贺麟译,商务印书馆 2016 年版,第 485 页。

让你也承认我。也就是说,你去承认别人的目的就是让别人承认你自己。拉康说(他的观点非常直白,也非常残忍,直白的通常是残忍的),爱别人,从根本上而言,就是为了爱自己。他先成为爱的主体去爱别人,但最后的目标是成为爱的客体,让别人爱自己,从而让自己获得满足。他是通过成为别人的爱的对象来爱自己。他去爱,他主动去爱一个对象,这只是一个通向自己被爱这一最终目标的中介。"爱,实际上就是希望被爱。"[1]一个人只有被爱的时候,被承认的时候,才能获得自己的尊严。就此,一个人所爱的对象不过是自我满足的道具。

如果说黑格尔的爱是相互的、平等的,并且融化在同一性中而重叠的话,那么,拉康的爱则是不平等的,拉康赋予了自爱以更高的地位。在黑格尔那里,爱因为自我否定的特性而具有利他主义色彩,但是,在拉康看来,爱就是利己之爱。他爱是通往自爱的桥梁。"在爱情中某人爱上的是自己的自我,这一自我在想象的层面得以显现。"[2]这也可以

---

[1] Jacques Lacan, *The Four Fundamental Concepts of Psychoanalysis*. Translated by Alan Sheridan, W. W. Norton & Company, 1978, p. 253.
[2] Jacques Lacan, *Freud's Papers on Technique*. Translated with notes by John Forrester, W. W. Norton & Company, 1988, p. 142.

解释一个女人为什么会喜欢一个坏男人("男人不坏,女人不爱"),甚至是一个明显有缺陷和破绽的人,一个在旁人看来完全不值得爱的人,甚至是一个对自己态度恶劣的人;同样,一个男性也常常会爱上一个柔弱的女性。也就是说,一个人爱上的并非完美无缺的人。拉康认为,爱就是爱对方的缺点,爱对方所缺乏的,而不是对方所拥有的。正是因为对方有所缺乏,有缺陷,爱才可以去填补对方和修正对方;或者说,正是因为对方有坏的和糟糕的一面,我的爱才可以去拯救他(她);正是因为对方虚弱,我才可以去强化他(她)和帮助他(她)。无论是填补他(她)的匮乏,还是去拯救他(她)或者是强化他(她),爱者都能以这种方式进入对方、帮助对方、弥补对方、改正对方。也就是说,爱者可以作为对方的主体,控制和操纵对方,从而建立一个新的掌控和臣服关系,最终让自己作为主人去爱而被承认。爱,就此也通向了自我确证和自爱。我爱上一个人,最终是为了变成他(她)的主人。

从这个角度而言,不仅爱是这样的,性也是如此。爱既然是爱对方所没有的,爱对方的缺陷,那么,对于性爱而言,不也是因为对方缺乏自己的器官而去爱他(她)吗?女人爱的是男人的阳具,反之亦然。他们爱的都是匮乏。什么是性爱？性爱看起来是赐予对方以快乐，或者说，是彼此让对方获得巨大的快乐，或者说，双方的快乐彼此激发，难分难解，混乱地杂糅在一起。但是，拉康认为，性爱的根本目的是让自己快乐，让自己获得满足，对方的器官不过是自我器官满足的媒介和工具，我的快乐才是性爱的最高目标。我主要是想自己获得满足，其次我才考虑对方满足与否。我爱对方的器官，并不是要伺候它，并不是将它作为我的主人，反过来，是因为对方的器官可以满足我，我可以作为它的主人。性爱就是对对方器官的利用而达成自己的满足。就像一个主人需要奴隶来满足自己一样。从这个角度来说，性爱就是自爱。

就此，对拉康来说，爱是自恋的。爱的真正幸福是来自我被爱、我自爱、我爱我、我被承认。我到处追逐爱是为了我的自尊得到满足，我自己的人性得以实现。爱的目标并非像黑格尔那样是达成一种彼此的相互承认。我们可以在这个意义上理解失恋：失恋就是自我受伤，就是自恋没有得到满足，就是自己没有得到承认，就是自己的尊严没有得到肯定——这就是人们在失恋的状态下总是感到丢人的原因。失恋不是因为失去一个对象而痛苦，并非像温尼科特(Donald W. Winnicott)认为的那样因为缺失了一个目标客体而痛苦,而是因为自尊没有得到肯定而痛苦。爱如果仅仅是对他人之爱的话,就不存在失恋,因为只要你爱着,无论对方是否回应,我的爱一直在那里,这个爱内在于我,长驻我心,这个爱不可能失去。对于拉康来说,失恋的痛苦,并不是因为别人离开了你而痛苦,而是因为你失去了自尊而痛苦,是你的自恋遭遇挫折而痛苦。失恋不过是利己主义的失败而已。

如果说拉康是用利己主义之爱来偏离黑格尔的利他主义之爱的话,那么,列维纳斯则将黑格尔的利他主义推到了极端。在他的《总体与无限:论外在性》的爱欲现象学中,他讲到了抚爱的问题。真正的爱是通过抚爱表达的。为什么是抚爱呢?在黑格尔那里,爱实际上是爱的完成,爱通过自我否定的方式完成了肯定。爱有一个彼此承认的结局。拉康同样如此,爱要么是自己得到了承认,要么没有得到承认。这都是通过爱的结局、爱的功效来分析爱本身。但是列维纳斯的特殊之处在于,他强调抚爱实际上是在强调爱的过程。这个爱的过程并不通向政治功效式的结局,甚至也不是爱欲本身的结局:抚爱和性爱不一样,性爱一定会通向爱的终点、爱的结局、爱的完满;抚爱则是爱的过程,它启动了爱的开始,但是又没有让它结束,抚爱轻柔地徘徊在爱的开始和结束之间。它是未知的,"抚爱就在于它不抓住什么,在于它撩拨起那不停地摆脱其形式而走向将来——永不足够的将来——的事物……仿佛它尚未存在似的。它寻求,它挖掘。……是一种寻找的意向性:向不可见者前进。在某种意义上,抚爱表达着爱,却承受着一种无能诉说之苦。它渴望这种表达本身……抚爱寻求的是那尚未存在者"①。列维纳斯认为,抚爱能体现爱欲的本质,因为抚爱是一个过程,它总是在摸索、挖掘、探寻、体会,它一直在爱的那没有终点的途中。"它介乎存在与尚未存在之间。"②爱的魅力就在于对爱的反复而耐心的探索和开垦,在于寻求爱的意外、纤细、微妙和神秘。不仅如此,抚爱意味着小心翼翼,是慎重的行动过程和摸索过程,被抚爱的对象有一种神秘的高贵,有一种不可侵犯的不可亵渎的尊严。抚爱,就是令人战栗的感恩,就是对对方的至高尊重。抚爱的双方都不是去强行占

---

① 列维纳斯:《总体与无限:论外在性》,朱刚译,北京大学出版社 2016 年版,第 248 页。
② 同上书,第 250 页。

有对方和吞噬对方,不是强行把对方纳入自己这一边,不是将对方纳入自己的"一"中来。抚爱就是温柔的羞涩的触碰。

什么是触碰? 就像塞林格写的那样:

> 爱你是最重要的事,莱斯特小姐。有人认为爱是性,是婚姻,是早晨六点的亲吻,是孩子们,也许的确如此,莱斯特小姐。
>
> 但是,你知道我是怎么想吗?我觉得爱是想要触碰却又把手收回。①

那什么是温柔呢? 罗兰·巴特说:

> 温柔的举止意味着你要我做什么都行,只要能使你安然入睡,但也别忘了,我对你也有那么点儿微不足道的欲望,不过我还不打算立刻占有什么东西。②

列维纳斯抚爱的过程,这种温柔的触碰,与拉

---

① J. D. Salinger, *The Heart of a Broken Story*. Esquire XVI, 1941.
② 罗兰·巴特:《恋人絮语:一个解构主义的文本》,汪耀进、武佩荣译,上海人民出版社 2004 年版,第 276 页。

康的利用他者完全相反,抚爱是主动地屈从于对方,屈从于他者,对他者的绝对尊重。爱就是一个绝对的他人之爱,是一个感恩之爱,而不是一个自恋之爱。一个抚爱的过程,意味着抚爱者双方都是被动的,都是无能为力的。就像罗兰·巴特说的那样,"面对情偶所表现出的百般温柔,恋人意识到自己对这种种温情并不享有特权","我们保持相互之间的善意,好像我们互为慈母"。[①] 也就是说,抚爱者将自己置于被抚爱者之下。爱的双方都是贬低自己,都是让自己显得无能,都是屈让自己,都让自己受苦,都有强烈的被动性,都把自己交给对方。爱的双方都是让对方充分发展和释放自己的可能性,让对方,让各自的他者作为主人,而让自己在受苦中获得快感和安慰。"在这里,自我摆脱自己并丧失其作为主体的姿态。自我的'意向'不再朝向光,不再朝向富有意义者。整个的爱情,是对被动性的感同身受,是对受苦的感同身受,是对温柔的那种消隐的感同身受。它死于这种死亡,承受着这种受苦。作为感动,作为没有受苦的受苦,爱情已经在心满意足于其受苦之际得到安慰。感动是一

[①] 罗兰·巴特:《恋人絮语:一个解构主义的文本》,汪耀进、武佩荣译,上海人民出版社 2004 年版,第 276 页。

种心满意足的恻隐,是一种愉快,一种转变为幸福的受苦——快感。"[1]爱不是自我肯定和确认,这是拉康自恋之爱不折不扣的反面。同时,这也和黑格尔不同。黑格尔通过爱达成平等,达成相互承认;拉康通过爱获得自我承认;而列维纳斯通过爱去承认他人。如果说,拉康通过爱让自己变成主人,黑格尔通过爱让彼此都变成主人,那么列维纳斯则通过爱让他人变成主人:爱的主体应该像一个奴隶那样去爱作为主人的他人。他承认他人,但不要求他人对他的承认。

对于列维纳斯来说,我们永远都不要去同化他者,而应该永远以他者为重。在抚爱的过程中,我们要把自己的裸体交付于对方,我们应该被动地、谦卑地呈现给对方。我们甚至要带有羞耻感地呈现给对方,我们应该将主动性交给对方——这才是对对方的爱。一般来说,爱要充满激情,要主动,要激烈而疯狂地表达自己的情感,要通过这种主动的疯狂来自我肯定、表达和呈现。在这个意义上,爱就是一次狂暴的占有。但是在列维纳斯那里,爱恰恰是让自己变得被动,变得无能。"爱不掌握任何

---

[1] 列维纳斯:《总体与无限:论外在性》,朱刚译,北京大学出版社2016年版,第250页。

东西,不导致概念,它不导致(任何什么),既没有主-客结构,也没有我-你结构。爱欲既不作为一个确定客体的主体实现出来,也不作为一种朝向可能的筹划实现出来。爱欲的运动在于向着超逾可能处前行。"[1]如果自己的爱欲没有目标,没有明晰的自我确定性,没有行动的话,那么,爱欲就会让他者的可能性释放出来。如果爱的双方都是让对方释放自己的可能性,都是让对方居于主导地位,都"为他人而在",而不是"为自我而实存的方式实存"[2],那么,这样的爱就是道德的,就是列维纳斯意义上的"善"。爱的被动性比主动性更加令人感动:

> 我要作一座花园,你便是我的小鹿,
> 在这里觅食吧,在幽谷或是在高山。
> 先在我的唇上吃草,若是那丘陵已干,
> 便不妨信步下去,下面有欢乐的流泉。[3]

这样的被动之爱实际上从根本上摧毁了任何

---

[1] 列维纳斯:《总体与无限:论外在性》,朱刚译,北京大学出版社2016年版,第251页。
[2] 同上书,第252页。
[3] 莎士比亚:《维纳斯与阿多尼斯》,载《莎士比亚全集》(传奇卷 诗歌卷·下),孙法理、辜正坤译,译林出版社1999年版,第14页。

的占有,"没有什么比占有更远离爱欲的了"①。一旦占有,就没有快感。② 我的快感仅仅是由我所爱着的他人的快感所激发的,在爱中,因为他人感到快乐我才快乐。从根本上来说,他人之爱是首要和决定性的,"只有当他人爱我时,我的爱才是完满的",但这同拉康完全不同,"这并不是因为我需要他人的承认,而是因为我的快感因他的快感而快乐"。③ 我的快乐是次要的,他人的快乐决定了我的

---

① 列维纳斯:《总体与无限:论外在性》,朱刚译,北京大学出版社 2016 年版,第 257 页。
② 萨特对占有的态度表现出矛盾性。如果是占有的话,那么恋爱者通常就被视作一个物。萨特反对将爱恋对象当作一个物那样占有。如果是这样的话,如果占有的是一个物,就失去了爱恋的意义。但是,他又不想放弃占有,不想让被爱者脱离自己,这样,他的一个折中方式是将恋爱者看作自由主体的存在,但是仍旧被占有。这实际上表达了占有的不可能性,一个自由的主体怎么能被你占有呢?反过来,你占有一个主体,怎么会让他作为自由主体即作为一个自由的自由呢?萨特的矛盾性在这段话中暴露无遗:"人们如此经常地用来解释爱情的'占有'概念事实上不可能是最根本的。如果恰恰只是他人使我存在,为什么我想把他人划归己有呢?但是这正好包含某种划归己有的方式,我们想占有的正是别人的如此这般的自由。想被爱的人不愿意奴役被爱的存在。他不想变成一种外露的、机械的、情感的对象。他不想占有一个自动机,若被爱者被改造成自动木偶,恋爱者就又处于孤独之中。于是,恋爱者不想像人们占有一个物件那样占有被爱者,他祈求一种特殊类型的划归己有,他想占有一个作为自由的自由。"(萨特:《他人就是地狱:萨特自由选择论集》,关群德等译,天津人民出版社 2007 年版,第 133 页。)而列维纳斯从未考虑任何意义上的占有和掌握。或者说,他考虑的是恋爱中的占有和掌握的反面。
③ 列维纳斯:《总体与无限:论外在性》,朱刚译,北京大学出版社 2016 年版,第 257 页。

快乐,他人的爱让我去爱。这种绝对的他人优先之爱也不同于弗洛伊德这样的发现:"在爱的问题上,性过誉(sexual overvaluation)现象始终令我们深感吃惊。这种现象表现为这样的事实:那个被爱上的对象在某种程度上可以免遭挑剔,它身上的所有特点都比那些未被爱的对象的特点,或确切地说比它自己在被爱上之前的特点得到了更高的评价。"[1]列维纳斯并不是在爱中,并不是通过爱、经由爱,来过高地估价他人和对待他人,相反,他是因为过高地对待他人、尊重他人而展开自己的爱。他人优先,他人的备受赞誉是爱的前提,而不是像弗洛伊德认为的那样是爱的结果。

拉康和列维纳斯这两种不同的爱,在叔本华那里则有另外的表述。他称之为自爱和博爱。对于叔本华来说,人生从根本上来说是痛苦的。人是痛苦的动物而不是要求被承认的动物。每个人都被痛苦所缠绕,痛苦只能减轻而不能彻底地消失和根除。如果善行意味着减轻痛苦,那么,爱就是这样的一种善行,在这个意义上,爱实际上就是同情,就是为了减轻他人的痛苦而产生的同情。"好心善意、仁爱和

---

[1] 弗洛伊德:《集体心理学和自我的分析》,载《弗洛伊德后期著作选》,林尘等译,上海译文出版社 2005 年版,第 123 页。

慷慨[等等]替别人做的事永远也只是减轻那些人的痛苦而已……纯粹的爱（希腊语的'博爱'，拉丁语的'仁慈'），按其性质说就是[同病相怜的]同情，至于由此所减轻的痛苦则可大可小，而任何未曾满足的愿望总不出乎大小痛苦之外。……一切真纯的爱都是同情"；反过来，拉康这样的爱，算是自爱，"任何不是同情的爱就都是自顾之私。自顾之私就是希腊文的'自爱'，而同情就是希腊文的'博爱'。这两者的混合[情绪]也是常有的。甚至真纯的友谊也常是这种混合。……斯宾诺莎也说：'对别人的好意并不是别的什么，而是导源于同情的情意。'作为一个证据，证实我们那句似乎矛盾的话['爱即同情']，人们还可注意纯爱的言语和抚爱动作中的音调、词汇完全符合于同情的音调。附带的还可注意在意大利语中，同情和纯爱都是用同一个词'慈爱'来表示的"。[1]列维纳斯从轻柔的抚爱中生发出来的对抚爱对象的承认，在叔本华这里则变成了同病相怜的同情。黑格尔传统的主体哲学希望人被尊重，叔本华的悲观哲学则希望人得到慰藉。爱，要么是通向尊重，要么是通向慰藉的一个善好道路。

---

[1] 叔本华：《作为意志和表象的世界》，石冲白译，商务印书馆 1982 年版，第 515—516 页。

第六章
事 件

    如果说,黑格尔将爱看作一种重叠式的结合,并因此满足了结合双方的相互承认,从而完成了人性的实现的话,那么,弗洛姆认为爱同样是一种结合,但是这种结合是克服孤独的方式。如同亚里士多德那样,黑格尔认为孤独的人不能算是人,人只有在集体化和政治化(城邦化)中才能获得人性。对于弗洛姆来说,孤独不是一种非人状态,孤独只是人的心理状态,是人不完美的心理状态。人有一种摆脱孤独的本能。摆脱孤独是人的完善。为了摆脱孤独,人需要去结合。有几种结合方式,第一种是狂欢式的结合,这种结合的特点是瞬间爆发式的,但又是周期性重复的结合:吞食药物、狂野性爱和宗教仪式的结合等,这样的结合伴随着身体的尖锐体验和激情。此刻,世界被遗忘在脑后,孤独在狂欢中被克服了,但是,这样的结合一旦完成和结束,孤独感又很快地袭来,于是又要开始,又要周期性重复,这就是宗教仪式和狂欢节要反复地进行的原因。这是酒神式的结合。第二种结合是同群体相结合。这就是要遵从大多数的意见和制度、法规,让自己融入所谓的社会,做一个规范人和正常人。这实际上是强制性的从而是虚伪的结合。第三种结合是创造性的结合,就像艺术家创造出一个作品那样,但是,这样的结合,是创造者和创造对象结合在一起,而不是人与人之间的心理结合。这几种类型的结合不是根本性的,而"生存问题的全部或完善的答案则在于用爱达到人与人之间的结合,以及用爱达到同另一个人的结合。这种人与人之间结合在一起的愿望是人类进步的最强大的驱动力。它是最基本的情感,是把人类、种族、社会、家庭维系在一起的力量"[①]。爱,在此不单纯是人的承认和尊严的实现,而是一种克服孤独的积极的最根本的结合,在弗洛姆看来,这种结合是人类进步的强大驱动力。

---

① 埃·弗罗姆:《爱的艺术》,康革尔译,华夏出版社 1987 年版,第 15 页。

但爱是如何结合的呢？黑格尔讲的结合是两个人都把个性消除掉，消除了独特性才能结合在一起。结合是两个人的完全覆盖和重叠。而弗洛姆讲的结合是凭借给予的方式来完成的。他说："爱是人类的一种积极力量。"[1]恋爱是积极的、主动的活动，恋爱双方都是主动地进入彼此的活动，而不是出于盲目的情感。什么是主动的结合呢？弗洛姆认为，主动是给予而不是接纳，爱实际上是一种给予，给予对方力量，两个相爱的人是要彼此给予对方力量。所谓给予，就意味着你要有很多能力、很多能量，你的一切外在或内在的能量，包括你的智慧和德性。而要拥有这些，恋爱中的人最重要的就是学习和成长。你要能够给予，就要积累自己的能量，让自己变得生机勃勃，让自己包蕴着无限的丰富性，让自己内在地硕果累累。爱因此是一个学习、积累、发育和成熟进而获取各种能力的过程。在这个积累的过程中，你才能不断给予对方爱，不断地把自己收获和积累的果实赐予对方，这是一个双向赐予的过程，也是一个双向发育和成熟的过程，最终，爱是一种动态的结合和增长过程。"爱的

---

[1] 埃·弗罗姆：《爱的艺术》，康革尔译，华夏出版社1987年版，第17页。

对象的发展,同爱的能力的发展是紧密联系在一起的。"[1]这样反复地、无限地、不间断地积累、学习和给予,才能让爱变得更加充实、更加持久和坚固、更具有进步性。反过来说,如果没有动态的进步性,没有强化力量,没有快乐,没有知识,没有兴趣,你本身一直软弱无能,一直呆滞、空洞和欠缺,你是产生不了爱的,因为你没有什么可以给予的。马克思也这样说:"如果你在恋爱,但没有引起对方的反应,也就是说,如果你的爱作为爱没有引起对方的爱,如果你作为恋爱者通过你的生命表现没有使你成为被爱的人,那么你的爱就是无力的,就是不幸。"[2]"爱是一种能产生爱的力量;软弱无能是难于产生爱的。"[3]你的虚空打动不了对方,而给予意味着"把自己身上存在的东西给予别人……把他身上存在的所有东西的表情和表现给予别人。在他把自己的生命给予别人的时候,他也增加了别人的生命价值,丰富了别人的生活"[4]。在这个意义上,给予就是一种创造和生产,就是在创造和生产中产生

---

[1] 埃·弗罗姆:《爱的艺术》,康革尔译,华夏出版社 1987 年版,第 36 页。
[2] 马克思:《1844 年经济学哲学手稿》,载《马克思恩格斯全集》(第 42 卷),人民出版社 1979 年版,第 155 页。
[3] 埃·弗罗姆:《爱的艺术》,康革尔译,华夏出版社 1987 年版,第 21 页。
[4] 同上书,第 20—21 页。

快乐。"给予是潜能的最高表现。正是在给予的行动中,我体验到我的力量、我的财富和我的潜能。这种增加生气和潜能的经验,使我感到无比快乐。因此,我自己精力充沛地、生机勃勃地体验生活,就像我快乐地体验生活一样。给予要比索取和接纳快乐。"[1]我们看到,结合、给予、彼此强化和充满、溢出的快乐、动态的进步,这就是克服孤独的爱的全过程。对于先天性地处在孤独状态的人和人类的完善而言,爱是最佳良药。

我们看到弗洛姆和黑格尔的爱的结合方式完全不一样。弗洛姆不是让两人完全结合,达成平等的重叠和承认,而是让两个爱的结合者相互激发,让他们动态地盘旋式地上升,无限地上升,这样的结合甚至是没有终点的,或者说,爱的结合永远向一个更好的结合点迸发。爱克服孤独而导向进步。爱意味着比翼齐飞。爱是一个历史过程,是一个生命过程。而黑格尔式的结合是自我否定式的结合,是非个性化的结合,是静态式的结合,一旦重叠在一起,一旦达成了平等,一旦相互承认,结合就趋向结束。这种结合不是通过强化自身而是通过牺牲自身来完成的。而弗洛姆的动态结合,积累性、增

---

[1] 埃·弗罗姆:《爱的艺术》,康革尔译,华夏出版社1987年版,第19页。

长性和强化自身的结合,不可能牺牲个性,甚至是不断地强化个性,滋长个性。"成熟的爱是在保持一个人的完满性和一个人的个性的条件下的结合。爱是人类的一种积极力量。……爱允许人有自己的个性,允许人保持自己的完满性。在爱中会出现两个人变成一个人而仍是两个人的风趣之谈。"[1]这已经无限远离黑格尔的否定而奔向尼采的肯定的权力意志了。

在《会饮》的阿里斯托芬那里,爱也是一种结合,这是比黑格尔和弗洛姆更早、更经典的爱的结合。在阿里斯托芬看来,人开始有三种性别:男人、女人、男女合体。但不管是谁,人都是圆的。他们有四只手,四只脚,四个耳朵,一对生殖器。这样的圆形之人,非常强壮,也非常狂妄,他们要和奥林匹斯山上的神一比高低。宙斯为了惩罚他们,劈开了他们的圆形身体,使之一分为二。这就是现在的人们所呈现的分裂状态。于是,这些被劈裂的人,人人都在寻找自己的另一半,女人寻找她的另一半,这就是女同性恋;男人寻找他的另一半,这就是男同性恋。男女同体的人,各自寻找原本为他(她)的另一半的异性,这就是男女异性之爱。"同所爱的

---

[1] 埃·弗罗姆:《爱的艺术》,康革尔译,华夏出版社1987年版,第17页。

人融为一体、两人变成一个,早就求之不得。个中原因就在于,我们先前的自然本性如此,我们本来是完整的。渴望和追求那完整,就是所谓爱欲。"[1]这就是回归自己原本的自然。"我感到被如此强烈地吸引,并相信我希望永远爱下去,因为这是我失掉的另一半。"[2]"人在本质上是不完整的存在物,并完全意识到自己的不完整,这对人性来说是第一要务,也是人对完整或整全的探求的基础。……我们爱自己失去的那一部分。我们爱我们自己。"[3]爱,最终是对自身的爱,所以爱无须解释。

对阿里斯托芬来说,人本应该是圆的,是圆满的,是完整的。之所以需要爱,是因为人是残缺的。人为什么不完整?就是因为人过于自大,居然想挑战神。在基督教那里,人是违反了上帝的禁令而被罚到人间,从此永远背上了罪名,他于是只有通过爱上帝,才能在死后被上帝救回天国。在基督教那里,人是罪人。但是,对于阿里斯托芬来说,人是因为挑衅天神而被劈成两半,他因此变得残缺,从根

---

[1] 柏拉图:《柏拉图的〈会饮〉》,刘小枫译,华夏出版社2003年版,第52页。
[2] 阿兰·布鲁姆:《爱的阶梯:柏拉图的〈会饮〉》,秦露译,华夏出版社2017年版,73页。
[3] 同上书,第75—76页。

本上来说，他是残疾人。单个个体都是残疾人。基督教是通过对上帝之爱来洗刷自己的罪，而阿里斯托芬则认为是残缺的人通过爱来恢复自己的健康。他只能以爱的方式去恢复，去寻觅，通过爱去找到自己的另一半——被劈掉的另一半——来恢复自己的健康，来让自己重新回到圆满和完整状态。爱是对自己所犯错误的补偿。如果撇开阿里斯托芬讲的这个神话背景，我们会发现，作为个体的人从根本上来说是不完整的，他是残缺的、破碎的、分裂的、断片的，因此也是孤立和孤单的。我们说，一个没有爱的人，或者说，一个没有爱人的人，从根本上来说是残缺和孤单的人。何谓残缺和孤单？就是爱的缺乏。爱因此既能克服一个人的孤单，也能补偿一个人的欠缺，人的残缺必然需要填补。去爱就是去寻求饱满，寻求完满。只有通过爱，通过和另一个人相爱，通过两个人的结合，一个人才能感受到丰盈、充实、完整、统一。他的孤独感和残缺感才能被克服。一个没有爱人的人的人生，似乎总是分裂的人生、残缺的人生、孤单的人生、不完整和不完美的人生。因此，爱是对此不完美人生的补偿、修正和克服——这就是阿里斯托芬给予我们的关于爱的教训。

这就是爱的必要性,他必须去寻找一个人来克服他的残缺。但他不是盲目寻找,不是随便爱上一个人。这个爱的对象是他的另外一半,是注定和必然的,甚至是唯一的,他所爱的那个人是最适合他、最匹配他的人。因此,所谓的完美的婚姻和爱情无不涉及匹配的问题:人们总是用匹配作为爱的权衡标准。人们会说两个匹配的人郎才女貌、门当户对、金童玉女——这是完美之爱、匹配之爱。只有匹配,才能无缝地达成圆满,才能合二为一。这样,我们也可以推论,你爱上了一个什么样的人就决定和体现了你是一个什么样的人。反过来,你是一个什么样的人就看你爱的是一个什么样的人。我们看到一个人就可以大致地了解他不在场的伴侣。同样是因为匹配,每个人的爱的经验都是独一无二的,都是在测量自己的饱满和完整性。就此,我们也可以说,爱是人的个体化标志之一。

尽管都是追求"一",阿里斯托芬所讲的结合方式却和黑格尔讲的非常不一样。黑格尔认为男女之爱要达到"一",彼此就要否定掉自己的特异性,要完整地重叠在一起,是你和我达到了绝对的统一,代价就是把个性清除。对于阿里斯托芬来说,爱也是要达到统一,但不是要清除自己,而是把自己原来丢失的那部分找回来，缝合在一起，爱就是缝合、补充和拼贴，就像要把打碎的瓶子缝合完整一样。这样的结合和弗洛姆也不一样，弗洛姆认为结合是互相给予对方，互相充实，爱促使这种结合处在不断互动和变化的过程中，这是一个动态的结合，是一个始终面向将来的结合。这是三种不同类型的结合。尽管方式不一样，这三种结合方式都使爱恋双方获得了某种紧密的纽带。

虽然结合的方式和手段不一样，但结合的目的很接近。在黑格尔那里，爱的结合是达成相互承认，通过爱的承认来实现人性。在弗洛姆这里，爱的双方相互给予对方某种能量，为此努力地积累能量，努力地赠予能量，就在这种能量的积累和赠予中，作为个体的人的潜能得到充分地挖掘和施展。黑格尔认为人是要求被承认的，但对于弗洛姆来说，人应该努力实现自己的潜能，人要让自己永远向完美的方向进发，爱就是这样的手段。我们也可以说，在弗洛姆这里，爱同样也是让人性得到最完善的实现和满足。对阿里斯托芬来说，爱就是让人回到最初的、最圆满的、最完善的、最纯洁的状态，因为现在的人出于各种各样的原因都变成残缺的、破碎的，我们只有通过爱才能恢复最开端、最美好

第六章 事件

的人的状况。对于阿里斯托芬来说,最好的人性或者说人最好的形象,都在人的最开端。卢梭、本雅明等人相信,文化的最佳状态就是最开始的状态,最开端的就是最美的、最完善的,后来的历史都是对美和善的污染。阿里斯托芬也是要通过爱的寻找来完善人性,但是这种人性既不同于黑格尔那种要求被承认的人性,也不同于弗洛姆那种潜能被充分激发的人性,对于他来说,最好的人性是没有被污染过的,是最初的类似于伊甸园中那干净、纯洁和圆满的人性,是一种消失了的人性。这和黑格尔几乎是对立的,对于黑格尔来说,开端是残忍的争斗、奴役和征服,人性的实现只能在历史的终结之处。历史的终结也就是人性的实现。一旦人性实现了,一旦互相承认了,历史就停滞了。而弗洛姆则相信,人性的完善似乎总是一个过程,潜能不可能彻底地发挥出来,它和爱相互刺激,只要爱还在,潜能就可以一直发挥,因此,这样的发挥潜能的人性从未有明确的终点,或者说,它总是通向未来的。人性的实现对于阿里斯托芬而言,是在开端;对于黑格尔而言,是在他的此时此刻,是在历史的终结之处;对于弗洛姆而言,是在看不见的永无尽头的未来——这是他们的历史差异。但是,对他们而言,爱,都是人性的最美好、最充分的完成和实现手段。没有爱,人就是残缺的,就是野兽,就是没有潜能的孤寂和呆滞。

这是爱的功能和目标。我们发现,这样一个爱的结合传统,偏离了苏格拉底、奥古斯丁和薄伽丘对爱的讨论。尽管他们对爱的理解迥异,但是,他们都强调爱的主要功能是回避死亡和对抗死亡,爱是为了让生命永恒地存在和延续下去,爱通过生育而延续生命(苏格拉底),通过进入天国而延续生命(奥古斯丁),通过忘却死亡而延续生命(薄伽丘),爱是死亡的强硬对手。但是,在阿里斯托芬、黑格尔、弗洛姆这里,爱不是在对抗和回避死亡,不是和死亡一决高低。爱是人性的实现和满足。正是因为爱的结合,人才成为人,人的本质才能体现出来,也正是因为爱,人才会成为最完善、最完美的人。大体上来说,有两种对于爱的不同理解,一种把爱和死对立起来,爱是让生命永恒;另外一种认为爱是人性的完美的实现,如果生命不可能永恒的话,那就需要让有限的生命变得完善,而爱则是完善生命的手段:潜能得以发挥,缺陷得以弥补,人性得以实现。

关于爱的结合的问题,巴迪欧做了新的论述。

第六章 事件

他也讲爱是两个人的相遇和结合。但是他说的相遇、结合跟前面讲的三种结合都不太一样。如果说,阿里斯托芬、黑格尔、弗洛姆讲的结合都有大致相似的观点,即结合是合二为一,是让爱的双方达成同一性,爱的双方能够逐渐地趋近的话,那么,巴迪欧恰恰反对这样的观点,对于他来说,爱不是达成完整性和同一性。爱不是合二为一,而是相反,它恰恰是一分为二,在爱当中,每一个人都变成了二。爱不是完满的"一"的终点,不是一个安逸、团圆和美妙的句号,而恰好是生命中的一个事件,一个爆裂性的事件,一个正在发生的激进事件,一个具有开端意味的事件。相遇是爱的事件。爱为什么是事件呢?到底何谓事件?在什么意义上,这个一分为二意味着事件呢?

事件是突发的,事件发生之前都有一个局势(situation),何谓局势呢?局势就是把各种各样的杂多纳入"一"中来,世界本来是杂多的,但是,人们想象出世界有一个根源,有一个"一",就是要把多样性归纳为"一"。实际上世界本来没有"一",这个"一"是人为操作出来的,这就是巴迪欧所说的计数为"一",也就是把不同的异质性的东西,把各种各样的杂多之物,通过操作纳入"一"中来。

人们相信存在一个"一",如果没有在这个"一"之中,如果是这个"一"之外的例外、断裂、不连贯,那么,这些断裂和例外的杂多,就不被人们认识,就被人们故意视作不存在而遭到弃置。但是,这些杂多,这些异质性,它们实际上是存在的。在某个时刻,这些被强行纳入"一"的异质性要素,这些无法被归纳的杂多,这些和"一"之间所存在的裂缝,这些剩余、断裂和异质之物,突然爆发,从"一"之中溢出,从而引发"一"的破裂,打破既有的局势,和原有情景一刀两断,这就是事件的诞生。事件,就是剩余之物的溢出,就是异质性对同质性的突然打破,就是同先前局势全面彻底的决裂。

我们看到,这是巴迪欧的事件的发生。事件发生了就意味着一次重大的断裂。只有引发断裂的事情才称得上事件。这种断裂是激进的,它意味着事件之前和之后发生了根本的变化。现在和过去一刀两断。这是事件最明显的特征。巴迪欧特别强调内部的爆裂,内部各种各样的异质性和杂多的爆裂。但是,也许还有另外一种事件的发生机制,事件不是由内部无法囊括的异质性的内爆而引发,还有一种外在的要素导致了"一"的破裂。外在的要素和既有的"一"相触及,就能将既有的局势打破,使得既有的"一"的整个局势内爆,导致整一性自身的断裂。断裂性的事件机制,就此有两种模式,内部的内爆模式和外部的刺激模式。我们以十九世纪末期的中国为例。农民起义导致的改朝换代不是断裂,它不过是一个王朝取代另一个王朝。它只是重复性的替代,因此,农民起义都称不上是事件,起义没有导致朝代和朝代之间出现真正的差异。称得上事件的是辛亥革命。正是这个革命导致清朝的崩溃,几千年的帝制突然崩溃、突然断裂。在它之后,中国再也无法回到一个王朝的状态。也就是说,辛亥革命之后,中国发生了根本性的变化。只有这样绝对断裂的革命,才可以称为事件。对于这个断裂的原因,一直以来有两种不同的分析:一种是费正清的刺激-回应说,是因为西方的入侵打破了封闭的中国的统一,是外部要素打破了先前的"一";还有一种是柯文的说法,中国内部开始出现的各种异质性要素再也无法被计数为"一",这各种各样的杂多导致了"一"的崩溃,导致最后的王朝的崩溃。

但是,因为这种事件是全新的,是突发的,是决裂的,人们完全无法理解它(德里达说,事件就是超过了我的理解之物),它尚没有被计算为可以理解的"一"。[1] 那如何面对这种突发性的事件呢?这个事件令人震惊,令人无法回避,它迫使人们回应它——哲学就应该思考和回应这个事件。那如何回应这个突发的决裂性的事件?巴迪欧提出了主体的概念。主体是什么呢?主体是对事件的应对和操作。主体无法操纵和预测事件何时来临,但是,当事件突然来临的时候,主体就必须认真地对待它。事件无法描述自身,事件无法获得自明性,无法自我把握,事件本身处在一种破裂和混沌之中。它需要主体来描述,来操作,来阐释——如果没有被描述和阐释的话,事件就转瞬即过、毫无意义。真正的主体极其罕见,他是那种目光锐利、远见卓识、富有勇气的人,是能够肯定事件的决裂并发现其意义的人。也就是说,他是那种能够忠实于事件的人。他面对事件,面对事件的断裂,宣称这不可描述的事件为真理,并将事件的断裂宣布为一

---

[1] 事件的诞生显然是同过去的局势的决裂,但是,决裂时刻决裂具体的原因不明,我们不能从事件发生之前的局势中推论出事件发生的原因,我们只能在事件发生之后去回溯性地解释事件发生之前的局势。因为正是事件的爆发才揭示了原有局势的特征,才揭示了原有局势的过剩、断裂、压制,只有通过后果来揭示和暴露事件的原因。事件展现的是跟之前的局势的彻底决裂,只有通过决裂才能建构出原有的局势来。

个新的真理的开端,他将事件生产为真理——真理是被宣称的,是被制作出来的,主体就是忠实地面对事件,并将事件宣称和制作为真理的人。事件、主体和真理就是巴迪欧哲学的三位一体。[①]

爱在什么意义上是断裂性的事件呢?对巴迪欧而言,事件在科学、政治、艺术和爱中都是以类似的机制来发挥作用。如果你真正地经历了爱,对于你的生命而言,就出现了一个重要的断裂。简单的心动或者艳遇不能称为爱,真正称为爱的事件会使你的生命产生剧烈的改变。在爱之前和爱之后,你是迥然不同的两个人。这是巴迪欧所讲的作为事件的爱。因为爱是突发的,是两个人相遇时突发的,当爱的感觉来临,现在的我和过去的我就会迥然不同,现在的我就和过去的我发生了一次激烈的断裂。如果过去的我是一个整体,是一个"一"的话,那么一旦爱出现了,爱作为一个事件降临了,我先前的这个整体,这个"一"就被打破了,爱这一事件导致我不再是过去的那个我,我出现了自我崩

[①] 我们看到,巴迪欧这样的断裂和福柯的断裂不一样。福柯的断裂是知识型的断裂,是认知方式的断裂;断裂没有原因,同巴迪欧的断裂不一样,他的断裂是无名的,这个断裂和主体无关,它不需要主体来对它保持忠诚,或者说,它内在地排斥主体,同时,它也无所谓真理,它是突变,是断裂,但并不产生高人一等的真理。

裂,我的既有局势和处境就被摧毁了:

> 如果我突然和你相遇,我会/说不出话来——我的舌头/僵硬了;火焰在我皮肤下面/流动;我什么也看不见了/我只听见我自己的耳鼓/在隆隆作响,浑身汗湿/我的身体在发抖/我比枯萎的草/还要苍白,那时/我已和死相近①

> 不可抗拒的/又苦又甜的/使我的四肢/松弛无力的/爱,像一条蛇/使我倒下②

但丁第一次遇见贝雅特丽齐时:

> 在那一瞬间,潜藏在我内心深处的生命的精灵开始激烈地震颤,连身上最小的脉管也可怕地悸动起来,它抖抖索索地说了这些话:比我更强有力的神前来主宰我了。③

---

① 萨福:《他不只是英雄》,载《萨福抒情诗集》,罗洛译,百花文艺出版社1989年版,第51—52页。
② 萨福:《带着他的毒液》,载《萨福抒情诗集》,罗洛译,百花文艺出版社1989年版,第72页。
③ 但丁:《新生》,钱鸿嘉译,上海译文出版社1993年版,第2页。

爱的相遇,使得一个过去的我倒下了。爱使得自我发生了断裂。爱的出现意味着两个人都改变了自己。这听起来有点像黑格尔的自我否定,黑格尔认为,相爱的两个人为了达成同一性,达成共识和重叠,把以前的特异性都抹掉了。他们彼此吸纳和吞噬对方。巴迪欧讲的相爱的两个人也都发生了变化,但是他们发生变化的结果不是要和相爱的人达成统一。两个相爱的人不是要重叠和重复,他们肯定这种断裂,但是也肯定彼此之间的差异,他们不是被"一"所束缚,而是对多的肯定。巴迪欧也不是像阿里斯托芬那样,让两个残缺的人、两个破碎的人缝补成一个完整的人。对他来说,两个人相爱意味着要保持各自的独立性。爱,除了打破自己以前的"一"之外,还要警惕和相爱的另一个对象达成"一"。只要是达成"一",不管是缝合式的"一",还是重叠式的"一",对于巴迪欧来说都不是爱,这恰恰是爱的灾难。爱不是自我否定,也不是和对方进行适应匹配。实际上,真正的爱不是试图获得同一性,纳入"一"中的爱最终会摧毁爱。对于巴迪欧来说,爱恰恰是要肯定差异性,而不是抹去差异性,爱就是要强调和激发爱的双方的特异性,爱让自己变得更多样,让自己扩充,让自己繁殖。爱上一个人,不是让自己缩小,而是让自己扩大。也就是说,爱应该让自己一分为二。我们可以从多个方面来理解爱的一分为二。首先,爱是一种绽出,爱会让你的灵魂、你的目光、你的激情脱离你自身。因为另外一个人进入你的视野中,占领了你的全部目光和激情,夺走了你的魂魄,从而使你自我分裂,使你和你的过去决裂。你从原先的"一"中脱离出来,这就是我们所说的魂不守舍,这是你的内在分裂。也就是说,一旦你爱上另一个人,你内部的自主性和同一性就被打破了,先前自律的生活就被搅乱了,先前稳定的步伐就被打乱了,你稳定的肉身和灵魂的结合就会一分为二。在爱的激发下,你会变成另一个自己,你会过另一种生活。在这个意义上,爱作为事件就打破了自己的过去的"一",爱让自己变得分裂。不仅如此,在爱发生之前,你不但让灵魂和肉体保持统一,你还让你的认知和肉体保持统一,你在你自己的范畴内认识和体验世界。但是当爱发生之后,当你和你的对象亲密接触,你们融为一体的时候,你不会去压抑对方的体验和激情,不会把这些激情纳入你的控制之中,不会强迫对方和你保持同一性。而是相反,你也用对方的视角去看待和体验世界,你超出了自己狭隘的视角,去体验对方的体验,你会用对方的体验和激情去看待世界,因为我们都爱着对方之所爱,就像对方爱着自己的父母一样,你如果爱对方的话,你也会爱对方的父母。就此,一个人会用两个人的方式、两个人的视角去体验,去爱这个世界,你会加倍地去爱,加倍地去体验,你会将对方的目光扩展为你的目光,将对方的知识扩展为你的知识。因此,真正的爱,是让你的视野成倍地扩大,让你繁殖为两个人,让你获得多元的不一样的真理。爱不是达成"一"的狭隘整合,爱恰恰是一个多样性的"二"的共同体。

就此,爱是维护差异和肯定差异,也是让你去体验差异,让你用"二"的目光、"二"的经验,让你用多样化的视角去重新看待世界。巴迪欧说:"所有的爱都提供了一种崭新的关于真理的体验,即关于'二'而不是关于'一'的真理。"① 比如旅行,你一个人去旅行,只会看你喜欢看的东西,如果你和你的爱人一起去旅行,爱人要看什么东西,你就会和爱人一起去看。这样的话,以前你从来不注意的、你毫无兴趣的沉默的知识和真理也在你面前展开了。这就是巴迪欧所讲的关于"二"的真理,也是关于

---

① 巴迪欧:《爱的多重奏》,邓刚译,华东师范大学出版社 2012 年版,第 72 页。译本原文中为:"即关于'两'而不是关于'一'的真理。"

"二"的共同体。巴迪欧说:"世界可以通过一种不同于孤独的个体意识的另一种方式来遭遇和体验,这就是任何一种爱都可能给予我们的新体验。"[1]

巴迪欧所讲的爱导致的结果,和阿里斯托芬、黑格尔完全相反,这不是合二为一,而是一分为二。这样的两人之爱就建立了一种新的不同于先前的一个人的生活,这是"二"的生活,是对先前的单一生活的爆破和决裂。正是在这个意义上,我们可以将爱理解为自我身上所发生的断裂性的事件。作为事件的爱就是断裂,爱作为一个事件彻底改变了你本身。但是,当爱的事件发生了,当断裂发生了,当剧烈的震荡开始晃动你、撕裂你的时候,你要勇敢地抓住爱,要对这爱进行清晰的叙事和厘定,也就是说,你要站出来做爱的主体,要将此刻的爱的事件叙述和宣称为你的真理,要忠诚于这一爱的事件,要忠诚于这一真理,要做爱的忠诚主体。在爱这一事件中,主体、忠诚和真理都必不可少,是爱的全部程序,也是事件的一般程序。

这种爱的生活,实际上也是最小的公共生活。巴迪欧认为,这样的生活就是共产主义生活,爱的

---

[1] 巴迪欧:《爱的多重奏》,邓刚译,华东师范大学出版社 2012 年版,第 72 页。

第六章 事件

生活就是最小的共产主义生活,爱实现了最小的共产主义。在这个共产主义中,爱让自己永远活着,爱的主体也让自己作为一个人有尊严地活着。和黑格尔一样,巴迪欧同样将爱和政治结合在一起。黑格尔认为,人有尊严地活着是因为人和人之间彼此承认,但是这种彼此承认就是达成同一、达成平等,在同一性和平等中我们是相互承认的。巴迪欧的最小共产主义同样强调爱之间的承认和平等,但是,两个人不是以等同的方式互相承认,而是以差异的方式来相互承认。黑格尔为了打破主奴关系、宰制关系和战争关系,是要两个人达成同一性,而巴迪欧要打破这种关系,是要肯定和接受相爱双方的差异性。对黑格尔来说,差异性一定意味着高低和等级之分,差异性就是高低的差异;但对巴迪欧来说,差异性是平等的差异。他们对爱的目标期许一样,但他们的方案和途径不一样。对于黑格尔来说,爱的政治是要在绝对精神中实现;对于巴迪欧来说,爱的政治是要在共产主义中完成。巴迪欧的共产主义当然是马克思主义的传统。但是,马克思的共产主义,难道不是黑格尔的绝对精神的一个更加物质性的版本吗?对黑格尔和巴迪欧来说,爱,都是历史的终结。只不过在这个终结中,人和人要么是完全一致的,要么是相反地都保持着各自的特异性。

爱提供了多样化和差异性的目光,提供了崭新的关于真理的体验。"当人们爱的时候,人们爱的是真理,哪怕他们并不知道这一点。"[1]巴迪欧在这里还是回到了苏格拉底的真理之爱。爱都是对真理的生产和激发。但是,和苏格拉底不太一样的是,巴迪欧的这种真理之爱并不带有教育和传授的成分。对于苏格拉底来说,真理之爱是不对等之爱,是一个智慧的成年男性对一个纯洁的年少男孩的单向的知识启蒙。真理之爱可以更具体地说是真理引导之爱。而巴迪欧消除了这种真理之爱的不平等,这是差异性的但对等的爱,是相互平等地激发真理的爱。爱一发生,关于世界的多元真理就会发生。巴迪欧和苏格拉底真理之爱的另一个不同之处在于,后者是传授真理,真理一旦传播和获得,就可以战胜死亡而获得永恒。但是,对于巴迪欧来说,真理并不意味着永恒,真理对个人来说就是对世界的隐蔽的一面的打开。爱不断地激发对真理的追求,但真理并不是永恒的。或者,我们更

---

[1] 巴迪欧:《爱的多重奏》,邓刚译,华东师范大学出版社2012年版,第72页。

第六章 事件

准确地说,爱是在不断地激发思想。爱可以让思想变得神奇和无限。思想不是对爱和激情的摒弃,它不是沿着客观中性的道路顺利滑行,恰恰相反,思想需要爱的偶然性,需要爱的神秘来推动,爱可以让人把思想引至出人意料的极限状况。德勒兹在《什么是哲学》中说:"成为概念性人物或者从事思维所必需的一种条件以后——或者说变成情人以后,朋友的含义是什么?情人的说法难道不是更为准确吗?我们曾以为他者是被排除在纯思维以外的,朋友难道不是将一种跟他者之间的关键性联系再次引入思维吗?"[1]情人、友谊和爱,难道不能促进我们的思考吗?情人的关系难道不是一种充满活力的思考关系吗?"真正的思考会随着爱欲一起升华。必须做一个好朋友、好情人,才能有思考的能力。没有爱欲,思考就丧失了活力,失去了不安,变得重复和被动。爱欲刺激了思考,使人有意愿去追求'独一无二的他者'。"[2]海德格尔也表达了同样的意思。他曾在给妻子的信中表示,他对她的爱是同他的思想密不可分的东西:"其余那些和我对你的

---

[1] 德勒兹、迦塔利:《什么是哲学》,张祖建译,湖南文艺出版社 2007 年版,第 203 页。
[2] 韩炳哲:《爱欲之死》,宋娀译,中信出版社 2019 年版,第 80—81 页。

爱,以及和我的思想以某种方式密不可分的东西,很难说清道明。我称之为爱若斯,巴门尼德给最古老的神之一的爱神的称呼。……每当我在思想上面临关键的一步,在迈与不迈之间犹豫不决的时候,爱若斯神都会振翅触动我。"[1]这就是说,每当他的思想在前所未有的地方探索的时候,都有妻子的爱欲在神秘地助力。

爱有助于哲学的思考,但不仅仅是在哲学领域。在艺术家那里,这点可能更广为人知。对毕加索、培根(Francis Bacon)这样的人来说,爱对艺术创造力有着至关重要的影响。毕加索的每一段爱情都改变了自己的创作。他把他的爱人都画到布面上。每一次画都用不同的风格,每一种不同的激情都让他产生新的创造。也可以说,毕加索的一生都在女人和爱欲中穿越,这些女人激发他、牵引他、改造他和创造他,有时候是折磨他、揉碎他、诋毁他和背叛他。但所有这些爱欲的纠缠都变成了巨大的创造动力。毕加索把这些激情狂乱地倾泻在画布上,他的多变风格和他的多变情欲紧密相关。哲学家和艺术家,他们的创造力本身是和爱紧密相关

---

[1] 葛尔特鲁特·海德格尔选编:《海德格尔与妻书》,常晅、祁沁雯译,南京大学出版社2016年版,第296页。

的。还有画家培根的故事,他的所爱自杀逝去之后,他的风格发生了巨大的改变。①

爱是思想和创作的动力,它激发、促进、强化思考和创作。但是还有另一种爱和思考的关系。即思考和创作就是为了爱,为了赢得爱。为什么去思考?为什么去写作和创作?恰恰就是为了爱。没有爱这一目标,就不会去思想和写作。如果说相爱着的人,爱欲本身能够激发思考和创造的话,那么,同样地,一个人为了获得另一个人的爱也会不停地去思考和写作。爱就是想通过思想和创造去赢得、获取的东西。对于缺乏爱的人,写作和思想可能就会成为寻找爱的途径。这样,爱既可能是写作的刺激和助力,也可能是写作的目标和归宿。阿伦特是海德格尔的学生,在给老师的一封信中,她同时表达了上面双重意思。对海德格尔的爱激发了她的思考,同时,她积极地去思考也是为了赢得海德格尔的爱,思想和写作的目标就是获取爱:"我如同

---

① 培根在巴黎的大皇宫准备大型个展的前夜,他的爱人乔治·戴尔自杀了,培根非常痛苦。但第二天,他还是去举行了开幕式,并在酒会上频频举杯,好像完全没事一样。但是在开幕式结束之后,培根陷入失去乔治的巨大痛苦中,从此他的绘画风格发生了变化,乔治·戴尔在他的画作中出现得越来越密集,而且死亡的意象大量出现,和乔治之死有关的主题尤其明显,可以说这些构成了培根画作中最精彩、最杰出的部分。

当初那样地爱你——这是你知道的,也是我总已知道的,即使是在这次再见之前。你指引给我的道路比我所想的更加漫长和艰难。它需要一次整全的、漫长的生命。这条道路的孤寂是我自选的,而且是摆在我面前的唯一的生命可能性。……如果我失去了对你的爱,那么我就会失去我对生活的权利,但是如果我逃避它逼迫给我的使命的话,那么我就会失去这爱和它的实在性。'而且,如果有上帝,那么,死后我会更好地爱你。'"[1]海德格尔指引阿伦特的道路,也就是阿伦特视作的使命,就是走一条思想的道路。思想之路使得她爱上了海德格尔,反过来,她的一生所以走向哲学,走向思想这条路,也是凭借她对海德格尔的爱。爱促使她去思想,爱是她思想的起源和动机。同时,这条思想之路也是为了获取爱、完成爱这一目标。思想和爱相互贯穿,互为动机,它们的关系纠缠得如此之深,以至没有爱,就没有思想,也没有生命。这已经远远超过了爱是思想的助力这一层面了。对海德格尔来说,爱促进了思想,深化了思想,最终将思想推进到一个不可

---

[1] 马丁·海德格尔、汉娜·阿伦特:《海德格尔与阿伦特通信集》,乌尔苏拉·鲁兹编,朱松峰译,南京大学出版社2019年版,第81—82页。

预料的境地,但是,没有爱,思想仍旧是可能的。但对阿伦特来说,没有爱,思想是不可能的。而一旦思想不可能,生活(命)也就是不可能的。爱、思想和生命融为一体。

思想(考)和写作就是为了赢得爱,这也是尼采、福柯和罗兰·巴特在不同的场合表述过的观点。罗兰·巴特解释他为什么要写作。写作就是为了被爱,就是为了获得一个陌生人的爱,就是为了寻觅一个遥远的、完全不知道的地方的陌生人的爱。福柯回顾他年轻时用功的原因时说,他在巴黎高师拼命地读书,不为别的,就是为了赢得班上一个漂亮男生的爱。尼采也说过这样的话。写作是什么?写作是一个诱饵,写出一篇文章、一本书,就像抛出一个诱饵,等着人来上钩,等着人来爱上这个诱饵。对他们来说,写作的目标之一就是赢得爱。不过人们总是说写作是为了介入和批判,萨特在《什么是文学》中说,文学的目的就是介入现实,干预社会,批判性地改造社会,就是传达和完成现实的真理。但是,与萨特有深入纠缠的加缪呢?桑塔格在纪念加缪的文章中说,加缪和其他作家非常不一样的地方就在于写作目的和效果的差异。她这样写道,"卡夫卡唤起的是怜悯和恐惧,乔伊斯唤起的是钦佩,普鲁斯特和纪德唤起的是敬意,但除了加缪以外,我想不起还有其他现代作家能唤起爱",她还说加缪是"当代文学的理想丈夫",激起了读者广泛的爱。[1] 加缪之死,让所有的人都觉得痛失我爱。

这就是爱和思想的两种关系。一种是,当两个人相遇并相爱了,其中一个人也许会激发另一个人思想和写作的创造性。另一种是,当一个人还缺乏爱,或者还没有彻底地满足爱,还渴求爱的时候,他试图通过写作和思考去赢得爱和获得爱。这种爱和思想的二重关系,同苏格拉底的真理之爱和思想之爱有什么相关性呢?在德勒兹和海德格尔的论述中,爱刺激了思想,思想一旦受到爱的刺激,两个人的爱就会变得更加浓烈。爱和思想相伴生、相混淆、相纠缠、相激发,它们在同一个层面运作。但是,对苏格拉底来说,思想和智慧虽然以爱欲为根基,但毫无疑问超越了爱欲,也可以说,思想之爱和身体之爱并不对立,但也绝不混淆在一起,这是不同层面的爱。或者说,只有克服了身体这一较低级的爱,才能抵达思想这一高级的爱。思想之爱可以

---

[1] 苏珊·桑塔格:《加缪的〈日记〉》,载《反对阐释》,程巍译,上海译文出版社 2003 年版,第 61 页。

摆脱和剔除身体之爱。思想之爱可以是抽象的爱。爱可以苦苦地围绕着一个并不具体的知识而纠缠不休。而培根和毕加索则表明了身体之爱深深地卷入思想和智慧之中,思想和智慧不可能剔除身体之爱,它们不可避免地遭到身体的污染和激发。罗兰·巴特像尼采那样将爱作为思想和写作的目标,恰好也是苏格拉底的反面。对于苏格拉底来说,思想、知识和写作从来不是为了去获取爱,它们不可能臣服于世俗之爱,不可能将爱作为目标。智慧之爱——也就是哲学——只是意味着思想和知识本身是最高的目标,爱,只能是去爱思想,只能是去获取思想,爱只能通向思想这一最高目标。爱不是思想和智慧的目标,思想和智慧才是爱的目标,也只有思想之爱和真理之爱才是最高的爱。思想和真理之所以值得爱,之所以成为最爱之物,就是因为它的普遍性、它的不朽性,就是因为这种普遍性和不朽性可以抵制令人憎恨的死亡。

爱与思想和创造的关系也并不是弗洛伊德所说的升华。对弗洛伊德而言,文化产品都是人类的性的升华的结果。因为人类的性没法直接满足,就只能通过变形的、曲折的、掩饰的方式,简单来说以升华的方式表达出来。也就是说,艺术作品不过是性能量改头换面的曲折表达。对于弗洛伊德来说，每一件艺术作品里都有不可见的性的成分。没有性的隐秘的能量冲动，就不可能有这一切。"精神分析研究表明，所有这些倾向都是同一类本能冲动的表现。在两性关系中，这些冲动竭力要求达到性的结合。但在其他场合，它们的这个目的被转移了，或者其实现受到阻碍。不过它们始终保存着自己原来的本性，足以使自己的身份可以被辨认（例如像渴求亲近和献身的特征）。"[1]毕加索和培根的作品的确包含着性的成分，但是，他们并不掩饰，他们并不屈从超我的压力而曲折地暗示。他们是对自我的坦率表达，与其说他们是在无意识地隐秘升华，不如说他们是在有意识地直接面对和处理性的问题。这是反升华的创造，或者说是创造的反升华。对于弗洛伊德来说，爱的主要内容就是性。"力比多是从情绪理论中借用来的一个语词。我们用它来称呼那些与包含在'爱'这个名词下的所有东西有关的本能的能量。我们是从量的大小来考虑这个能量的（虽说目前实际上还不能对它进行测

---

[1] 弗洛伊德：《集体心理学和自我的分析》，载《弗洛伊德后期著作选》，林尘等译，上海译文出版社2005年版，第99页。

量)。我们所说的爱的核心内容自然主要指以性结合为目的的性爱(也就是通常所说的爱以及诗人们吟诵的爱)。"[1]但是,在我们的爱与思想的讨论中,爱并不是一个单纯的性和性能量的问题,而是由意义宽泛得多的爱欲和激情来激发的。性并不等同于爱欲和激情。就像海德格尔、德勒兹和阿伦特这样的哲学家一样,是具体的爱,是对一个人的爱,是偶然产生的独一无二、无可替代的爱在悄然地激发他们的创造。抽象的性不重要,性并不通向创造,它反而将人束缚在身体的内在领域。性的结局是终结和停滞,是沉寂和熄灭。只有特定的爱欲和特定的性,只有属于两个人之间的秘密的爱,只有两

---

[1] 弗洛伊德:《集体心理学和自我的分析》,载《弗洛伊德后期著作选》,林尘等译,上海译文出版社 2005 年版,第 99 页。弗洛伊德将爱和性等同起来的做法招致了包括荣格在内的许多人的批评。他自己也承认这点,但是他也在不断地做出辩解:"当精神分析理论做出这一决定时,着实引起了一场轩然大波,就好像它因为做出了一个残暴的发明而犯下了罪孽一样。然而从这种'广泛的意义'上来解释爱这个词,并不是什么创新的见解。哲学家柏拉图使用的'爱的本能'一词,从它的起源、作用和与性爱的关系方面看,与'爱力'(Love-force)概念,即与精神分析的力比多概念是完全相符合的。纳赫曼佐恩(Naohmansohn, 1915)和普菲斯特尔(Pfister, 1921)已经十分详尽地指出过这一点。而当使徒保罗在他著名的《哥林多书》中对爱赞颂备至、奉它为至高无上的东西时,他肯定也是从这同样'广泛的'意义上来理解爱的。"(弗洛伊德:《集体心理学和自我的分析》,载《弗洛伊德后期著作选》,林尘等译,上海译文出版社 2005 年版,第 99—100 页。)

人之间特殊的爱的应答、撩拨、刺激和招惹,才会让思想创造充满生机,才会让这创造冲出肉体的束缚而产生额外的丰满果实。

第七章

奇　遇

对巴迪欧来说，爱，实际上就是两个人的相遇，打破了以前各自的同一性，并获得多样性的真理和目光。这种爱的相遇就构成了事件。那么，什么是相遇呢？我们可以区分不同类型的相遇。有一种常见的相遇。但这种相遇并不改变你，不会让你的生活发生断裂，它不会处在你生命存在的中心。这种相遇在你一生中并不具有重大的意义，这种相遇或许会引发短暂的快乐或者悲哀，或许会引发某种意义上的震动，但是随着时间的流逝，这种相遇都可以被逐渐遗忘，相遇的记忆和痕迹可以在事后被抹去。这种相遇是可以被抹擦掉的偶然。

另一种相遇，就是作为事件的相遇。这就意味着相遇之后，你的生活发生了巨大的改变，相遇的事件会影响你一生。西美尔认为,这类相遇的"最一般形式是它从生活的连续性中突然消失或离去"[1]。它如此地意外和突然,看起来像梦境一般不真实。这样的相遇也就是巴迪欧意义上的事件。相遇不是简单地触碰到外部的东西,不是瞬间就滑过去了,而是与我们存在的中心息息相关。相遇在此是一个偶然之物,但是,它包含着一种必然性。一旦相遇了,你的人生必定改变,被长久地改变,被永恒地改变。这样的相遇有同人的相遇,同物的相遇,同某件事的相遇,甚至同某本书的相遇。布朗肖给自己写过一个寥寥数语的传记,就是简单地记叙了他在不同年代的几次至关重要的相遇事件:哪一年碰到了列维纳斯,哪一年碰到了巴塔耶——每一次相遇,都是思想的重大改变,都是一次思想的重生,都深深地改变了自己的存在。他将他非凡的一生就归结为几次和朋友的相遇。

如果说思想的相遇只是少数人的特殊经验,那么,爱的相遇更为常见。人们也许没有经历其他重要的事件,但是,大多数人都经历了爱的相遇,正是这个爱的相遇,让人们一分为二。但是,对于爱来

---

[1] 西美尔:《冒险》,载《时尚的哲学》,费勇、吴蓓译,文化艺术出版社2001年版,第204页。

第七章 奇遇

说,巴迪欧这样的相遇远远不是全部,或者说,远远不够。我们应该探寻另一种特殊的相遇:奇遇(adventure)。爱的奇遇。

何谓奇遇?奇遇除了具有相遇的所有特点之外,它还有独到之处,或者说,它是一种更激进的相遇,是充满风险的相遇。何谓充满风险的相遇?有一类相遇不应该让它发生,它一旦发生,就会导致危机和风险,就会引发困扰,这类相遇具有强烈的非法性,它触及和动摇了爱的法则、规范和伦理。奇遇是一种冒险。而一般的相遇几乎不涉及风险。或者说,人们在一般状态下相遇,在火车上相遇(顾城和谢烨的著名相遇就是在火车上发生的),在大街上相遇,在上学和工作状态下相遇,在朋友聚会中相遇——这都是普通的相遇,平淡无奇的相遇。它可能会引起断裂性的事件,可能会改变你本身。但是这样的相遇本身是平凡的、正常的,是没有风险的。也就是说,平凡而正常的相遇导致了事件的发生,导致了爱的发生。但是,奇遇从根本上来说,是冒险的相遇,是非法的相遇,是无法被接受的相遇。奇遇从一开始就将相遇的条件作为一个醒目障碍呈现出来。从原则上来说,这是不可能的相遇,或者是相遇的不可能性。但何谓不可能的相遇？何谓相遇的不可能性？

我们来看罗密欧和朱丽叶的相遇。他们两家是世仇和死敌。两家的青年男人在街头的偶然相遇就会导致拼杀。两家相遇的常见结果就是死亡。死亡的结局使得相遇变成了不可能。剧本的开头就是两家的男人在街头偶遇，从仆人到少主直到老爷都先后出场并开始挥剑动手。也就是说，这两大家族相遇——无论是家族中哪两个人的相遇——其情景就是厮杀的场景。这是将对象消除，使得相遇不再发生的不可能的相遇。罗密欧就是在街头与朱丽叶的表哥相遇而杀死了他，从而使得这场相遇变成和死亡相遇，因此也是和空无相遇。这样的相遇实际上也就意味着相遇的不可能性。如果我们把相遇定义为爱的事件的话，这两大家族的人的相遇的不可能性实际上意味着爱的不可能性，意味着爱的反面：死亡。但是，罗密欧和朱丽叶相遇了，而且是作为爱的事件而相遇。他们的相遇本不该发生，他们各自处在不可能相遇的条件中，这样，他们是在相遇的不可能性的框架下相遇了。他们是打破原则和伦理的相遇，因此是冒着巨大风险的相遇。这种相遇本身包含了爱的不可能性和非法性。但是，他们全部的努力就是将这不可能性转化为可

第七章 奇遇

能性。将不可能的爱的相遇转化为可能的爱的相遇——他们冒着巨大的风险相遇就是要让相遇成为可能。

这种冒险的相遇,迫使它变成不可见的相遇,是黑夜的隐秘相遇。我们可以将这种冒风险的相遇称为奇遇,罗密欧和朱丽叶的爱应该归属于冒险的奇遇之爱。

我们回到剧本中来,尽管故事时间非常短暂,但仍旧是一个完整而饱满的爱的故事。他们共有四次相遇。第一次是在朱丽叶家里的舞会上,罗密欧冒险去这个仇家举办的舞会上追寻自己喜爱的姑娘,却无意中撞到了朱丽叶。他像中魔一样爱上了朱丽叶,马上将先前让他神魂颠倒的姑娘抛到脑后。而朱丽叶也迅速地爱上了他。这是经典的一见钟情的相遇。罗密欧闯入仇家,这本身就是一次冒险的奇遇。很快,舞会散场后,他翻墙到朱丽叶的花园,还想再次见到朱丽叶,正好听见朱丽叶在自言自语,朱丽叶在情不自禁地表达对罗密欧的爱。这次相遇让这两个仇家的孩子相互确定了爱情。这是第二次相遇。这次相遇还是偷偷翻墙进入仇家的花园中来的,这也是偶然的非法的冒险。第三次相遇,是婚姻仪式的举行,这是没有得到正式的家族承认的不合法、不守规矩的相遇,这是冒险的婚姻,也是一场充满赌注的婚姻。第四次相遇,是罗密欧婚后在发配之前再次冒险来到朱丽叶的卧室,这是他们婚后唯一的一次同居,也是隐秘无人知晓的同居,冒着被发现的风险的同居,这是一旦被发现,就随时可能让死亡光临的同居。这是悲剧之爱,也是黑暗之爱,也预示了后来的夜晚血色之爱,就像策兰的诗句一样:

> 我的眼移落在我爱人的性上:
> 我们互看,
> 我们交换黑暗的词,
> 我们互爱如罂粟和记忆,
> 我们睡去像酒在贝壳里,
> 像海,在月亮的血的光线中。[1]

这是他们的四次相遇。四次相遇是一个完整的过程:一见钟情、确定关系、结婚,以及最终的同居,连贯而快速。但是,这整个过程,是爱的奇遇和冒险的过程。每一次奇遇,都打破了相遇的常规,

---

[1] 保罗·策兰:《花冠》,载《灰烬的光辉:保罗·策兰诗选》,王家新译,广西师范大学出版社2021年版,第18页。

第七章 奇遇

打破了爱的惯例和习俗，打破了爱的认知框架。这样的爱是对所有这些的僭越之爱。每一次相遇都是隐秘而大胆的僭越，都是对不可能性的冒险克服。他们试图让爱的不可能性得以可能。爱的奇遇的特征，就是试图将不可能之爱转化为可能之爱；就是试图将非法之爱和不现实之爱转化为合法之爱和现实之爱。他们努力地将这种不可能的爱推进到爱的最后形式，也即婚姻的缔结状态，但是，故事并没有结束。故事以悲剧结束，这已经完成了的可能之爱，这以婚姻形式缔结的可能之爱，最后又变成了不可能之爱。相遇的可能性最终又转变成了不可能性。我们可以说，这是不可能性的可能性的不可能性——不可能的相遇经过努力实现了，但最终还是不可能相遇：不可能的相遇之爱最后导致了双方的死亡。因为神父通知罗密欧的信息没有及时传递给罗密欧，导致了罗密欧的误判，从而导致了最后的悲剧：罗密欧以为朱丽叶死了，然后服药自杀，朱丽叶醒过来之后，发现罗密欧已经死掉，她也追随罗密欧而死。通过婚姻确定的爱，也就是在不可能性之上确立了可能性的爱，最后又回归爱的不可能，回归爱的终结和死亡。爱的风险最后摧毁了爱本身。

但是,爱真的被摧毁了吗?爱的不可能性(爱的死亡)难道不是在这里再一次证明了爱的可能性吗?死,是爱的终结,但也是爱的实现,是爱的最后的完成和确证,是至高无上的爱的肯认——没有一种方式比死亡更能表达爱的强度和意义了。这是为爱而死,这是用死来肯定爱:死不是爱的悲剧结束,而是爱的巅峰实现。爱只有在不可能的时候才达到它的至高可能性。死亡,是爱最沉默的结局,但也是爱最热烈的宣告。死既让爱无情而残忍地终止,也让爱永恒而庄重地铭刻。死既是对爱的否定,也是对爱的肯定。死亡以对爱的最后否定来展示它对爱的最高肯定。就此,爱和死展现了一种特殊的关系,它们不再是绝对的二元对立关系。死和爱再也不是苏格拉底意义上的克服关系和征服关系(爱通过生育可以克服死亡);也不是奥古斯丁那样的因为爱而导向地狱之死的因果关系(因为爱之原罪而被罚至死亡地狱);也不是像薄伽丘那样,爱让人们沉迷其中,忘却一切,从而回避死亡、麻痹死亡、掩盖死亡,进而构成一种假面关系(在爱中死亡被遗忘式地克服了)。现在,在莎士比亚这里,爱通向和连接了死亡,但是爱不是抵制死亡,爱是在奔赴死亡,爱是通过对死亡的最后拥抱,通过和死亡

第七章 奇遇

的亲密无间的接触来肯定自己。人类的抒情核心正是在这死和爱的纠缠中彻底爆发。

因为相爱而同时去死,这并不罕见。罗密欧和朱丽叶的爱是奇遇之爱,因为冒险而死。因为冒险,因为勇气,因为对不可能性的抗争而将爱和死纠缠在一起。这种奇遇的死亡之爱并不同于另一种意义上的死亡之爱:一种单纯的相遇之爱的同时赴死。我们可以简单地将奇遇之爱和相遇之爱做一个区分。法国哲学家高兹(André Gorz)死后出版了一本书《致D》,这是他给妻子写的一封长信。这封信写完一年之后,他选择和身患绝症的妻子同时死亡,他觉得两个人爱了一辈子,自己无法在妻子离开他的情况下活下来。他这样写道:

> 很快你就八十二岁了。身高缩短了六厘米,体重只有四十五公斤。但是你一如既往地美丽、幽雅、令我心动。我们已经在一起度过了五十八个年头,而我对你的爱愈发浓烈。我的胸口又有了这恼人的空茫,只有你灼热的身体依偎在我怀里时,它才能被填满。在夜晚的时刻,我有时会看见一个男人的影子:在空旷的道路和荒漠中,他走在一辆灵车后面。我就

是这个男人。灵车里装的是你。我不要参加你的火化葬礼,我不要收到装有你骨灰的大口瓶。我听到凯瑟琳·费丽尔在唱,"世界是空的,我不想长寿",然后我醒了。我守着你的呼吸,我的手轻轻掠过你的身体。我们都不愿意在对方去了以后,一个人继续孤独地活下去。我们经常对彼此说,万一有来生,我们仍然愿意共同度过。[①]

高兹和妻子的相遇产生的爱的结局也是同时赴死。这也是为爱而死。死也是对爱的肯定。但是,他们和罗密欧不一样的是,他们不是悲剧性地赴死。因为他们的死亡不是由于受到外力的摧毁,不是由于受到社会的阻拦,也就是说,他们并非死于爱的风险。他们中的一个是自然的死亡,另一个是对这种自然死亡的追逐而死。最根本的差异是,他们的爱从未像罗密欧和朱丽叶那样处在风险之中。他们的爱是社会可接受的规范之爱。而罗密欧和朱丽叶奇遇之爱的特点就是不被社会规范所接受,他们承受着巨大的风险。他们最终被风险所摧毁。奇遇之爱,就意味着爱跟风险并存。而且,

---

① 安德烈·高兹:《致 D》,袁筱一译,南京大学出版社 2010 年版,第 73—74 页。

爱的风险是在逐步升级的,爱越来越强烈的时候,爱越来越要最终牢靠缔结的时候,也是爱承受着最大风险的时候,是风险最终转化为死亡的时候。这是单纯的相遇之爱所无法预见的爱的严酷。

为什么会存在这种爱的风险?爱的风险总是和爱的体制密切相关。爱在漫长的历史中不断地形成自己的体制和规范。爱也有自己的普遍语法和编码。这是因为,每一个人都置身于一种社会关系和等级中,每一个人和其他人的结合都是两种社会关系的结合。两个人相爱,就意味着两个人所置身的社会关系要有一种紧密的连接。卢曼说:"在较古老的、凝聚于当地的社会系统中,社会生活的特征是复杂的关系网络,这阻滞了个人游离于外,一种'私人生活'或退缩到二人关系都不再可能。在一个对于所有成员都一目了然的框架内,人们需要和他人分享其生活。二人的亲密性几无可能,无论如何不受鼓励,倒是被处处防范。要分离出亲密性的系统条件,就必须抵抗占统治地位的意见和情感态势,才有可能成功;……从自身条件来说,脱离了社会网络的二人关系也显得罕见而成问题。"[1]但是,个体之爱,尤其是以性为基础的个体之爱,很可

---

[1] 尼克拉斯·卢曼:《作为激情的爱情:关于亲密性编码》,范劲译,华东师范大学出版社 2019 年版,第 91—92 页。

能与这种集体系统格格不入。为了不受到社会集体系统的干扰,两个人总是要躲避这个社会关系:"两个人为了性的满足而聚在一起,就他们寻求幽静而言,他们的行为是对群居本能,即集体感情的一种反叛。他们爱得愈深,相互得到的满足就愈彻底。他们对集体影响的拒绝通过羞耻感的形式表现出来。"[1]羞耻感的表现形式就是躲避和逃逸,就是让爱处在隐秘状态。就像罗密欧和朱丽叶试图以逃跑作为爱的归属一样。

这就是个体之爱和社会关系的根本冲突:爱附着了大量的个体爱之外的社会属性。这也意味着每一个爱者都背负着一个社会关系和社会系统去爱。爱,首先是两个社会系统的相爱,这个系统既可以是一个微小的家庭,也可以是一个宏大的民族或国家(我们有一个源远流长的和亲历史)。它需要综合地总体性地权衡和计算。如果两个社会关系系统有着巨大的沟壑,爱的结合就会变得困难重重。因为人置身于家族这样的关系中而得以成人,他无法脱掉家族这个外套而将自己变成一个纯粹的爱情裸体。正是因为这样关系性的社会之爱,一

---

[1] 弗洛伊德:《集体心理学和自我的分析》,载《弗洛伊德后期著作选》,林尘等译,上海译文出版社2005年版,第155页。

个牢不可破的规范就编织而成。这个规范如此强大,以至爱的双方这样"基于相互间投射的相互选择很少出现,所建立的关系也往往是短命的"①。也就是说,个体之爱如果不顾社会之爱的规范而强行结合,就会充满了被社会关系剿灭的风险。

但是,这个爱的社会规范是什么?或许,匹配是爱的规范的基本原则。阿里斯托芬强调的是互补式的身体匹配,相爱的两个人寻找的是身体的完满缝合匹配。但是,爱的规范原则不仅仅是身体的匹配,他还要求双方所在的社会关系和社会系统的匹配。爱的编码,就是个体身体匹配和社会关系匹配的有机结合。郎才女貌和门当户对是这匹配最完美和最流行的版本。当身体的匹配和社会关系的匹配发生脱节的时候,社会关系的匹配就会驱逐个体身体的匹配。林黛玉和贾宝玉初次见面时彼此有似曾相识之感,就像是久别之人的重逢一样。他们同时发生了一种想象性的相互投射。他们有一种前世今生的熟稔感。这种一见钟情之爱,几乎就是阿里斯托芬式的互补关系的完美注脚。正是这种身体匹配让双方产生了爱情,但是,他们缺乏

---

① 尼克拉斯·卢曼:《作为激情的爱情:关于亲密性编码》,范劲译,华东师范大学出版社 2019 年版,第 92—93 页。

对称的家族匹配,他们的身体匹配遭到了家族不匹配的阻拦,个体之爱的失败和社会关系的不匹配息息相关。这是爱的一般悲剧,死亡是它最后的常见结果。

卢曼曾勾勒了爱的社会体制的形成谱系:中世纪的爱的结合完全是社会关系的结合。个体完全被社会关系所吞噬,个体的爱的激情被社会关系想象的理想标准所取代。具体之爱在理想之爱中消失殆尽。个体的激情被抹擦得一干二净。我们看到了文艺复兴时期自主之爱的兴起,但彼特拉克和薄伽丘的自主之爱冲破的不是家族和社会系统,而是上帝神圣之爱的无限大网。社会系统尚未统辖文艺复兴时期精力充沛的个体。而到了十七世纪,社会关系再次将自主之爱包裹,社会系统像一把绳索捆绑住个体之爱。而自主之爱也试图奋力挣扎来摆脱爱的社会框架和法则。这是两种爱的观念战争。爱在观念之战中显露出悖论性的迟疑面孔,爱的步伐犹豫不决。在席勒的《爱情与阴谋》中,宰相的儿子斐迪南和音乐家的女儿露易丝的冲突就是这两种爱的观念冲突。他们相爱,但是,他们带着不同的爱的观念:纯粹的自主之爱和被集体系统编码的社会之爱。前者试图努力地拆散社会包裹

第七章 奇遇

而展示自由的浪漫之爱,后者的个体自由之爱则被社会系统牢牢地包裹着而难以自主地伸展。爱的终结就诞生于这致命的观念冲突,爱的死亡诞生于爱的社会包裹。卢曼认为只有现代人的浪漫之爱才实现了爱的自主性,爱开始抛弃社会系统而得以自主地行事,爱就是为了爱本身,爱就是具体的个体之爱,就是纯粹的爱。

这种纯粹的个体之爱和社会的规范之爱之间存在的冲突就是爱的风险之所在。打破爱的规范,就是打破社会系统的规范,就会承受巨大的风险。这是奇遇之爱的特征。事实上,无数的伟大爱情传奇都是这种充满风险的奇遇之爱,都是以个人之死来对抗爱的社会编码。《梁山伯与祝英台》是奇遇之爱的典范。这是从兄弟之爱转向男女之爱的曲折传奇。这种节制而有限的兄弟之爱,转向了不节制的无限的男女之爱,男女之爱的强度和激情是在与兄弟之爱的对照中得到肯定的。也可以说,兄弟之爱是男女之爱的根基,没有兄弟之爱就不会产生男女之爱,男女之爱是兄弟之爱的强化——我们在这里看到了爱的进阶,一种反柏拉图主义的进阶版本。在柏拉图那里,同性之爱高于男女之爱,知识之爱高于男女之爱。但是,祝英台正是因为追求知识之爱才进行了女扮男装,她掩饰自己的性别是为了知识之爱,知识之爱超越了她对自己的身体之爱。为了知识可以牺牲身体。知识之爱是她的爱的最初根基。很快,建立在知识之爱的基础上的同性之爱发生了,梁山伯和祝英台是在对知识的追逐中开始了他们的兄弟同性之爱。或者说,同性之爱是知识之爱的升华结果。但是,祝英台不满足于这种有限度的同性之爱,不满足这种最终可以忍受分离的同性之爱。她暴露了她的性别,她以女性的身体面对一个男性。一种超越同性之爱的男女之爱发生了。如果说同性之爱是在知识之爱的基础上诞生的,男女之爱则是在同性之爱的基础上发生的。男女的身体之爱最终克服和摆脱了知识之爱——这是柏拉图的爱的阶梯不折不扣的反向书写。这也是一个爱的进阶过程:从知识之爱到同性之爱再到男女之爱。这样的个体化的男女之爱达到了爱的最高阶段和最高强度,这样的爱是无限度的,它不能忍受分离,不能拆散,它务必要结合,它也务必要将两个家庭卷入其中。

就此,这样的身体之爱又和社会系统发生了冲突,一个常见的不匹配的社会系统关系不能忍受这样匹配的身体之爱。再一次,一个陈旧而顽固的爱

第七章 奇遇

的古老编码施展了它的语法魔咒:社会匹配要驱逐身体匹配。身体之爱遭遇到风险。这不可能之爱不是出于家族之间的深仇大恨,而是出于家族之间的贵贱差异。就像朱丽叶的父亲将她许配给了一个门当户对的弟子一样,祝英台的父亲同样将祝英台许配给了门当户对的马文才。社会关系的配对无情地压倒了个体之爱的配对。就像罗密欧和朱丽叶不顾一切冒险一搏最终为爱而死那样,梁山伯和祝英台也因为绝对的不妥协为爱而死。祝英台在嫁给马文才的路上,执意要经过梁山伯的墓地,当她到达梁山伯墓地的时候,风雨交加,电闪雷鸣。梁山伯的坟冢轰然裂开,祝英台毫不犹豫地跳进这裂开的坟墓中。坟墓立即关闭,但是他们马上化作两只蝴蝶从坟墓中飞出,翩翩起舞,这两只蝴蝶无拘无束、自由自在、比翼齐飞,这是爱的精灵的嬉戏。这样的自由的无罅隙的爱和默契只能在另一个世界,在一个来世世界,在一个超验世界中出现和完成。这不可能的爱在现实中无法实现,在人类的世界中无法实现,但是,可以在非人类的世界中,在来世的时空中,在爱的框架、规范和编码缺席的情况下,在轻盈的飞行和欢快的舞蹈中实现。

　　罗密欧和朱丽叶,梁山伯与祝英台,都是试图实践充满风险的爱。这就是奇遇之爱,是以死和终结的方式来完成这种不可能的爱。[1] 奇遇之爱之所以充满风险,之所以充满不可能性,就是因为它是对爱的体制的无所畏惧的打破。爱在漫长的文化中会形成自己的规范、编码和体制。我们可以说,爱形成了自己的文化,我们也可以反过来说,文化很大程度上是通过对爱的塑造、对爱的体制的建立而确定起来的。我们最初的文化就是对不伦之爱的禁忌而发展形成的。按照列维-斯特劳斯的说法,之所以禁止乱伦,就是为了让女性嫁给另一个家庭或部落,从而使得不同的家庭或部落能通过婚姻产生联系。婚姻一开始就发挥着连接社会和家

---

[1] 这两个奇遇之爱的故事有相近之处,但是在叙事方面有非常典型的东西方差异。莎士比亚的叙事非常严谨,故事的推进一环套一环,情节有严密的因果关系,时间和空间结构井井有条,死亡是这个故事的必然结局。但是梁祝的叙事非常不一样,这个故事非常奇诡并且具有想象力。祝英台女扮男装,和梁山伯在一起上学三年,居然没有被发现她是女儿身。然后又从兄弟之爱转化为男女的异性之爱。梁祝不是严谨的和推论式的结构,相反,这个故事有传奇性的转折和回旋,而且最后的结局非常浪漫,有一对死后翩翩起舞的生命。罗密欧与朱丽叶死了,是两具布满鲜血的尸体出现在文本的最后。但是梁祝死后是一个美妙的化蝶故事,它打破了悲剧的封闭结局。而罗密欧与朱丽叶就是一个封闭的结果。梁祝也可以说是悲剧,但它的悲剧感随着化蝶的美妙而冲淡了严肃性和残酷性。它也不是通常的大团圆结局,梁祝毕竟死于现实,毕竟只是在坟墓中相见。他们的团圆只是在一个无人的世界中的团圆。通过重生的方式,通过重生来摆脱社会关系的方式,通过重生来摆脱人类物种的方式团圆。这是绝对的、自由的、单纯而完满的团圆。

第七章 奇遇

族的功能。它和爱分道扬镳。爱和婚姻之间有一个漫长的历史的巨大豁口。婚姻很久以来就是一个利益的连接体。它是由家族来决定和缔结,婚姻的两个主体毫无决断权。蒙田说,婚姻是一种明智的交易,"在这场心平气和的交易中,欲念已不是那么旺盛","结婚不是为了自己;结婚是为了传宗接代,人丁兴旺"。[1] "若有什么好婚姻,也不让爱情做伴,以爱情为条件。它会竭力以友谊为条件。这是一种温和的终生交往,讲究稳定,充满信任,平时有数不清的有用可靠的相互帮助和义务。体验其中深意的女人,婚礼的欢乐烛光使他们结合(卡图鲁斯)。没有一个愿意当丈夫的情人与朋友。"[2] 婚姻并不负责承载爱的激情,婚姻消磨了爱和性。而爱,有激情的爱和性只能在婚姻之外存在,也只应该在婚姻外存在。爱情和婚姻"是两种意图,各有各的道路,不可以混淆"[3]。和一个所爱的人结婚,结果一定会追悔莫及。

但是,在康德看来,这并不道德,也没有体现基本的人性。如果爱和性的享乐是在婚姻之外存在

---

[1] 蒙田:《论维吉尔的几首诗》,载《蒙田随笔全集》(第3卷),马振骋译,上海书店出版社2009年版,第58页。
[2] 同上书,第60页。
[3] 同上书,第62页。

的话,这是对人的降低,人如果对自己的性享乐不加以约束,就和动物没有差异。对康德来说,两性的结合条件要么是基于动物的本性,要么是通过法律的规范。蒙田鼓励婚姻之外的性爱,实际上是肯定人的动物性,人凭靠的是自己的欲望来和他人结合。相反,基督教将婚姻视作上帝的创造。与这两者不同,康德是通过法律的规范的结合来定义婚姻。婚姻"就是两个不同性别的人,为了终身互相占有对方的性官能而产生的结合体"[1]。这才是婚姻的目的,应该将性享乐限定在婚姻之内和法律之内,"如果一男一女愿意按照他们的性别特点相互地去享受欢乐,他们必须结婚,这种必须是依据纯粹理性的法律而规定的"[2]。也就是说,性爱在法律和契约的限度之内才能实践,这样也才体现出人所特有的控制理性。这也是人和动物的差异所在,这种自我控制和自我决断的理性也将人从上帝的创造和宰制中解放出来。婚姻是人为的契约,而不是上帝的祝福。也就是说,婚姻中的性让人实现和肯定了理性,也因此肯定了人性本身。不仅如此,婚

---

[1] 康德:《法的形而上学原理——权利的科学》,沈叔平译,商务印书馆 1991 年版,第 95—96 页。
[2] 同上书,第 96 页。

第七章　奇遇

姻还意味着一种平等，因为婚姻双方是相互占有对方的性器官。这样，尽管对方的性器官是自己实现快乐的手段——这也是拉康的观点——但是，如果是相互完全占有的话，他们就是平等的。他们既然享有对方的性器官，他们也彼此享有对方的全部人格——他们之间存在法律和人格上的双重平等。康德也反对蒙田的结婚的目的是生育这一观点。结婚更不是两个家族利益的关联。如果结婚是为了生育，那也就意味着婚姻中的性爱并不重要。对康德来说，性爱才是结婚的理由，生育不过是结婚的后果。如果只是为了生育，那么，一旦不能生育了，婚姻就要解除吗？在康德这里，婚姻和性爱开始有了一种重叠。在这个婚姻中，平等、理性和人性都得到了肯定。这是现代的婚姻观念。

　　蒙田和康德有关爱欲和婚姻关系的观念就此存在一种截然的对立。前者是将爱欲排斥在婚姻之外，后者是通过法的契约形式将爱欲纳入婚姻之内。但是，如果性和爱欲在婚姻内消失了（这是一个常见的事实），那么按照康德的观点是不是就一定要解除婚约？无论如何，将性享乐作为婚约的目的在黑格尔看来过于粗鲁。对黑格尔而言，婚姻不能从性享乐的角度来定义。性的享乐之外，还应该有精神的一面。"婚姻实质上是伦理关系。以前,特别是大多数关于自然法的著述,只是从肉体方面,从婚姻的自然属性方面来看待婚姻,因此,它只被看成一种性的关系,而通向婚姻的其他规定的每一条路,一直都被阻塞着。至于把婚姻理解为仅仅是民事契约,这种在康德那里也能看到的观念,同样是粗鲁的,因为根据这种观念,双方彼此任意地以个人为订约的对象,婚姻也就降格为按照契约而互相利用的形式。第三种同样应该受到唾弃的观念,认为婚姻仅仅建立在爱的基础上。爱既是感觉,所以在一切方面都容许偶然性,而这正是伦理性的东西所不应采取的形态。所以,应该对婚姻做更精确的规定如下:婚姻是具有法的意义的伦理性的爱,这样就可以消除爱中一切倏忽即逝的、反复无常的和赤裸裸主观的因素。"[1]康德的婚姻的两个基本要求,肉体的满足和为此签订的契约,都被黑格尔的婚姻观念否定了。他最后否定的是施莱格尔所推崇的浪漫之爱,因为爱过于飘忽,很难稳定,对持久的婚姻会构成破坏性的威胁。如果既不是情欲的合法满足,也不是不稳定的浪漫之爱,那么,

---

[1] 黑格尔:《法哲学原理》,范扬、张企泰译,商务印书馆1961年版,第177页。

第七章 奇遇

婚姻靠什么来缔结呢？应该有一种"精神的纽带"来作为婚姻的法则。精神的纽带一方面能克服施莱格尔的偶然易变的浪漫之爱，另一方面能克服康德的纯粹的肉体欢乐。这种精神的纽带就是一个实体，它不可解散。它就是两个人自我否定之后达成的一个新的统一体，一个相互承认的统一体。对黑格尔来说，婚姻"具有法的意义的伦理性的爱"就意味着，"当事人双方自愿同意组成为一个人，同意为那个统一体而抛弃自己自然的和单个的人格。在这一意义上，这种统一乃是作茧自缚，其实这正是他们的解放，因为他们在其中获得了自己实体性的自我意识"[①]。这就是黑格尔两个主体通过彼此的承认所达到的最后的统一体。婚姻是两个人通过各自的自我否定而达成的彼此承认的法的结合形式。法，在这里不是像康德那样排他性的两个人的肉体欢乐的契约，而是两个人相互承认的带有伦理色彩的契约。

对于康德和黑格尔而言，虽然婚姻的实质有根本的不同，但是，婚姻本身都具有法的意义，都应该将男女捆绑在一起。只是捆绑的理由不同。一个

---

① 黑格尔：《法哲学原理》，范扬、张企泰译，商务印书馆1961年版，第177页。

是捆绑肉体之爱,一个是捆绑伦理之爱。他们都试图将结合的偶然性改造成必然性。这是婚姻的内在实质。但是,康德和黑格尔的婚姻观与蒙田这样的完全不同的婚姻观一样,也有其外在形式,这种外在形式和内在形式以不同的方式构成了爱的文化编码和社会编码。无论是肉体的欢乐,还是精神的纽带,抑或生育的保障和财富的巩固,爱情和婚姻都有具体而抽象的目标。这不同的目标采纳的都是同一种婚姻形式,它们被一代代承袭下来,成为不同类型的但又是固定的行为模式。它们有一种历史性的贯穿积累。卢曼说:"这种行为模式能够被扮演,还在人们启航去寻找爱情之前,这种行为模式就能活生生呈现在眼前;就是说,在人们找到伴侣之前,这个行为模式就可以用作导向,让人知晓事情之重大意义……爱情一开始在某种程度上可能是空转运行,以一种一般化的寻找模式为导向。"[1]也就是说,爱情像一个语法模式那样先验地存在着,人们是按照这个爱情模式去谈恋爱,去想象爱情,去习得爱情,去实践爱情。不仅仅是个体按照这种模式去习得和实践,整个社会也遵循这种

---

[1] 尼克拉斯·卢曼:《作为激情的爱情:关于亲密性编码》,范劲译,华东师范大学出版社 2019 年版,第 66—67 页。

爱的模板:"有那么一些人,如果他们没听到过别人谈论爱情的话,是绝不会成为恋爱者的。"① 每一个个体的爱情故事,都遵循爱的普遍语法模式,遵循这个爱的规范和编码。爱的编码生产出各种各样的爱的故事,这诸多故事的差异仅仅在于语义的差异而非语法的差异,仅仅在于故事内容本身的差异而不是故事构型的差异。每一种爱的匹配的具体内容不一样,但是,爱的匹配本身不变。这个爱的语法模型就是爱的"一",就是一个将各种异质性的爱排斥掉的"一",这也是巴迪欧意义上的"一",一种没有特异性和多样性的"一"。

而奇遇和冒险之爱,就是作为一种特异性之爱,来打破这样的爱的规范,打破这样的爱的"一"。奇遇意味着我们可以抛弃任何的条件框架,可以抛弃任何的爱的语法,可以抛弃任何的匹配神话去爱任何一个人。在相遇中,爱总是同自己进行决裂,爱是每个人生命中的事件,爱打破了每个人自身的一。但是,这样一般的相遇并没有打破爱的规则和习惯框架,没有打破爱本身的一。相遇之爱甚至受到了各种各样的模仿,就像无数的青年男女模仿琼

---

① 语出拉罗什富科。转引自尼克拉斯·卢曼:《作为激情的爱情:关于亲密性编码》,范劲译,华东师范大学出版社 2019 年版,第 67 页。

瑶的小说去恋爱一样。他们模仿恋爱中的小说主角,他们由此改写了自己的人生。但这样的模仿之爱,实际上是在巩固爱的体制、爱的规范和爱的编码,巩固爱自身的"一"。而奇遇之爱,冒风险之爱,则不仅打破了个体自己的"一",还打破了爱本身的"一"。奇遇之爱,是一场爱的革命。奇遇之爱难以模仿,奇遇之爱只能被文学模仿而不能被现实模仿。奇遇之爱的独一无二的悲剧效应使任何的现实模仿都变得不可能。奇遇中断了爱的历史,它重新定义了爱,它改变了爱本身;在此,爱可以超越一切条件,超越一切规范和编码,可以打破任何的世俗标准,可以将社会系统弃之不顾,可以对任何的匹配神话毫不留情地颠覆。如果说事件意味着断裂的话,那么,相遇是个体自身的断裂事件,但并非爱的事件;而奇遇不仅是个体的事件,它还是爱的断裂,它是爱的事件。奇遇之爱创造了新的爱,创造了爱的无限潜能。它充满了双重发明,既可以是对爱的定义的重新发明,对爱的社会神话的突破,也可以是对两个人的爱欲的发明,对两个人的身体之爱的发明。在此,一个人可以无视社会框架爱上任何他想爱的对象,可以将自己的情欲投向他愿意投向的客体;他还可以充满想象力地去发现和参与对方的身体,实现自己的爱欲冒险,爱的双方在爱欲的过程中彼此发现和创造对方的身体。这就像诗人卢卡宣称的那样,要做一个"爱情发明家":

> 参与她
> 永远惊人的身体
> 不同部位间
> 操演的
> 排斥与吸引
>
> 参与这可爱的星云
> 同时进行的
> 分解
> 与结晶
> 冷却与燃烧
> 这就是我挚爱的恋人
> 永远在生成
> 一直被发明。[1]

---

[1] 盖拉西姆·卢卡:《爱情发明家》,尉光吉译,广西人民出版社2021年版,第43页。

我们如何发明一个恋人？如何生成一种全新之爱呢？在李安的电影中，一个人可以爱上他的政治敌人(《色，戒》)；在贾樟柯的电影中，一个少年可以爱上和他母亲年龄相仿的人(《山河故人》)（这样的版本在法国总统马克龙身上真实地演出）；在路易·马勒(Louis Malle)的电影中，一个人爱上了自己儿子的女友[《烈火情人》(Damage)]；在大岛渚的电影中，一个人甚至爱上一个猿猴[《马克斯，我的爱》(Max My Love)]；在蒂姆·波顿(Tim Burton)的电影中，一个人可以爱上一个机器人[《剪刀手爱德华》(Edward Scissorhands)]；在比尔·康顿(Bill Condon)的电影中，一个人可以爱上一个怪兽[《美女与野兽》(Beauty and the Beast)]；在程小东的电影中，一个人可以爱上一个鬼魂(《倩女幽魂》)。爱摧毁了任何的习惯编码和体制框架。这样充满风险的爱，总是处在压抑和禁忌状态，但正是这禁忌和压抑，使爱变得暴烈和壮丽。或者说，要尝试爱的至高激情，就必须让自己置身于风险之中。如果说爱的规范和爱的框架是文化最庸常的表达的话，那么，奇遇不仅是爱的革命，也是文化的革命。

如果说，奇遇之爱打破了任何的爱的框架和规

第七章 奇遇

范的话,或许,我们可以将这样的爱称为真爱。但什么是真爱呢?我们最后再次回到柏拉图。何谓"真(理)"(aletheia),何谓"真的"(alethes)呢?福柯分析了希腊思想中"真的"的四个含义:首先,真意味着不隐藏、不掩盖,没有任何部分被遮蔽,就是率直地敞开,这是它最根本的意义;其次,真也意味着不添加任何东西,不与其他东西相混淆、混杂、感染,也就是说,不被其他东西所改变,它是纯粹的、干净的;也正是因为前两种特性,即不隐藏、不混淆,所以,它不是迂回的,不是拐弯抹角的,而是直接的,是直的,是正的,从根本上说,是正直的;最后,正是因为不隐藏、不混淆、不弯曲(正直),所以,"真的"还意味着保持不变,保持一致,没有损耗。如果真有这四种含义的话,我们就可以界定什么是真爱。对柏拉图来说,何谓"真爱"(alethes eros)?即没有什么可以隐藏的爱情,对伴侣、对他人都无须隐藏,爱就是坦率的目标,爱就是直截了当地公开。真爱也不混杂其他的东西,爱就是纯粹之爱,爱和所有的他物剥离开来,爱有一种绝对而完全的自足性,没有其他任何东西混入其中——这就破除了爱的各种束缚性框架。也只有这样的纯净的真爱才是正直的,是符合正义原则的,只有这样的真爱才值得肯定和推崇。而这样的真爱,绝不背叛,绝不变化,绝不耗损——真爱永葆青春。

陈寅恪则是从性和爱的关系的角度来谈真爱。这是柏拉图爱的阶梯的东方版本。"(一)情之最上者,世无其人,悬空设想,而甘为之死,如《牡丹亭》之杜丽娘是也。(二)与其人交识有素,而未尝共衾枕者次之,如宝黛等及中国未嫁之贞女是也。(三)又次之,则曾一度枕席,而永久纪念不忘,如司棋与潘又安,及中国之寡妇是也。(四)又次之,则为夫妇终身而无外遇者。(五)最下者,随处接合,惟欲是图,而无所谓情矣。"[①]对于陈寅恪来说,爱和性存在一种辩证的否定关系。这是弗洛伊德的反面。对弗洛伊德而言:"在某一类情况下爱无非是性本能以直接的性满足为目的的对象性情感灌注。当目的达到后,这种情感灌注现象便消失了。这就是人们所说的普通的、感性的爱。但是,正如我们知道的,力比多的情况就没有这样简单了。它要能够肯定地预料到刚才消失的需要重新恢复,这无疑就成了在性对象身上引起持续的情感灌注的最初动力,而且也是在冷静的间歇中致使'爱'上对象的

---

① 吴学昭:《吴宓与陈寅恪》,清华大学出版社1992年版,第15页。

最初动力。"[1]对于弗洛伊德来说,性和爱相互肯定、相互强化、相互刺激、相互爬升。性是爱的动力,因为性的要求,性的持续不断、永不枯竭的要求,爱才能持续地延续下去。在性得到满足的刹那,爱会减弱,但是性不可能总是得到满足,性一旦受到抑制,爱就会勃兴。"爱情是建筑在直接的性冲动和其目的受抑制的性冲动同时存在的基础之上的。"[2]性和爱相互填充。性是爱的基石,性的障碍和未满足会激发爱的欲望。而陈寅恪完全相反,认为性和爱应该相互剥离。性越是被否定,爱就越是被肯定。没有性的爱是最高阶的爱,泛滥的性是最低端的爱。爱是对性的克服,性是对爱的贬损。如果说,爱遭受社会编码与社会体制的扭曲和污染的话,那么,它也遭受性的扭曲和污染,性让爱变得不纯洁、不正直,也不持久。如果说柏拉图将肉体之爱置于爱的最低端,但并没有对它完全否定的话,那么,陈寅恪这里关于爱的论述就是柏拉图的既更加激进又更加保守的版本。他的激进在于爱和性从根本上是格格不入的;他的保守在于,爱还是绝对束缚于

---

[1] 弗洛伊德:《集体心理学和自我的分析》,载《弗洛伊德后期著作选》,林尘等译,上海译文出版社 2005 年版,第 122 页。
[2] 同上书,第 157 页。

情感的范畴,而没有像柏拉图那样被引入通向真理的途中。

无论如何,我们并不应该轻易地忘掉罗密欧和朱丽叶、梁山伯和祝英台这样看起来过时的奇遇之爱——他们就是柏拉图意义上的真爱。坦率的、纯粹的、正直的且永不褪色的爱。正是他们暴露了爱的体制的残忍和魔咒,正是他们打开了爱的锁闭模型,从而释放了自主选择的潜能。一批现代主义英雄拉开了爱的自足序幕。不过,这样编码式的匹配神话,这样联姻和匹配框架下的爱的模式虽然受到过浪漫派和现代派剧烈而短暂的冲击,但是,它在今天借尸还魂了,或者说它以褶曲的方式复活,它以隐秘的方式变得更加顽固。爱,奋力地将家族推向身后,以自主选择的形式出现,它阻挡了各种各样社会目光的窥探,法律也巩固了这样独立的选择。漫长而声势浩大的女性主义运动伴随着这个自主选择的艰难历程。爱的主体形象在二十世纪后半期开始出现。但是,这里的自由选择并没有脱离权衡和计算的范畴。自由是计算的自由,选择是市场的选择。如果说,自由始于市场的自由交换,那么,今天的恋爱和婚姻自由不过是将婚恋自由推向了市场。爱和市场彼此找到了各自中意的温床。

第七章 奇遇

爱抛弃了陈旧的家族框架,但是将自身交付给了新型的市场框架。人们如果不依靠家族、不依靠社会习惯、不依靠传统的编码来选择爱恋对象的话,他们会依靠市场习惯来展开新的爱欲选择。就像人们越来越愿意按照市场来做各种选择一样,人们开始在自由市场框架中训练和学习爱与婚姻。人们将经济盘算引入爱情编码中。马克思说,资本主义的特殊之处在于将劳动力转变成商品,而资本主义的爱的法则是将个人的身体转化为商品。人们都有各种标准来计算自己的价格:年龄、身体、形象、职业、物质财富,以及整个人所特有的魅力光晕,这些都是情爱市场交换的砝码。市场也毫无意外地为爱开辟出一块崭新的面对面的协商空间。在网络、电视,甚至在某些特定的现实公共空间中,无数的人在这个爱的市场空间徘徊选择,他们在找一个合适的伴侣商品。一旦无法成交,人们宁可待在自己的空间,成为一个独立的个体。在这个空间中,每一次个人自由的爱和婚姻的选择,每一次特立独行、出乎意料的选择,每一次看起来具有社会爆炸性的爱恋选择,其背后都耸立着精心计算的市场交换格栅。爱,不再有任何风险,爱无处不在,但爱也无处存在。

附 录

论友谊

一

亚里士多德将友爱（φιλία, philia）[①]分为三类，一种友爱的基础是利益。两个人交朋友，是因为他们彼此能够提供利益上的帮助，正是利益的纽带让他们成为朋友。也就是说，一个人之所以将另一个人作为朋友，是因为另一个人对他有用。这样的友爱最经常发生在老年人之间。第二种友爱，是基于快乐的友爱。两个人在一起并不是为了某种物质利益，而单纯是因为快乐，是因为对方给自己带来

[①] 希腊人有两个重要的词语表示爱：爱欲（'Ἔρως, erôs）与友爱（φιλία, philia）。前者的爱带有强烈的欲望和激情，柏拉图更多是在这个意义上来使用这个词的；后者为亚里士多德所使用，它更多指的是一般意义上的日常人伦之爱，爱的欲望的意味减少了。在亚里士多德这里，友爱既包括朋友之间的爱，也包括家人之间的爱和城邦公民之间的爱。实际上，这样的爱一旦剔除了激情，就非常接近友谊概念。它是人和人之间一种充满善意的互动实践。

快乐。这种基于快乐的友谊，大部分是发生在年轻人之间。这两种友谊的特点就在于它们都带有明确的目的性：要么是物质目的，要么是快乐目的。因此，这样的友谊出发点与其说是从对方考虑的，不如说是从自己考虑的，是为了让自己获得利益或者为了让自己获得快乐。显然，这样的友爱并不具备必然性和永恒性，它容易破裂，"如果相互间不再使人愉悦或有用，他们也就不再互爱"[1]。

第三种友爱与上述两种友爱都不同。它是前面两种友爱的进阶。以物质利益为基础的友爱是友爱的最低阶段，快乐的友爱可以克服这种物质的实用性，因此要比它更高级；但是，第三种友爱，则是对前面两种友爱的目的的克服，亚里士多德称之为真正的友爱。对前面两种友爱，亚里士多德只谈到了它们的效果或者目的，也可以说，正是效果或者目的决定了友爱的起源和性质。但是，第三种友爱，他对此界定的出发点不一样。他是从友爱双方的特点来界定的：真正的友爱双方的主体，他们必须具备的条件是，他们都应该是好人。这个规定是对前两种友爱定义的超越。前两种友爱对朋友双方的人格特征没有做出要求。或者说，前两种友爱

---

[1] 亚里士多德：《尼各马可伦理学》，廖申白译注，商务印书馆 2003 年版，第 232 页。

的主体可以都是坏人,可以是一个好人和一个坏人,可以是不好不坏的人,也就是说,任意品性的人都可以获取有用的或者快乐的友爱;一个坏人可以从另一个坏人那里得到好处或者快乐。而真正的友爱的基本前提是两个朋友都应该是好人,因为双方都是好人,好人的德性也相似,那么,这样的友爱也就是充满德性和善意的友爱,只有好人才能抵达真正的友爱。好人是真正友爱的基础。但是,基于利益或者基于快乐的友爱的主体也可能都是好人,因此,除了都是好人这一基本条件之外,这种充满德性和善意的第三种友爱与前面两种友爱还存在一个根本差别,那就是:他们爱朋友主要是希望朋友自身好,也就是说,爱的目的是朋友本人,而不是让朋友来满足自己。从这个角度来说,这样的友爱是一种品质(而不是感情)。亚里士多德认为只有这种性质的友爱双方才是真正的朋友:"那些因朋友自身之故而希望他好的人才是真正的朋友。"[①]

[①] 亚里士多德:《尼各马可伦理学》,廖申白译注,商务印书馆 2003 年版,第 233 页。亚里士多德对朋友的定义,实际上是对苏格拉底的回应。在柏拉图的《吕西斯》中,苏格拉底试图探讨友谊和朋友的本质。他在那里探讨了好人和好人、坏人和坏人、爱者和被爱者、恨者和被恨者之间的关系,他们之间是否存在友谊?友谊的本质是什么?但是,苏格拉底最后没有得出结论,这是关于友谊的讨论,不过是没有结论的讨论。而亚里士多德在这里给出了一个非常明确的定义:友谊只能发生在好人和好人之间。

朋友双方都是好人,交友是为了朋友好;这就是亚里士多德所说的真正的朋友的两个条件。这样的"真正的友爱"一旦形成了,它就有这样几个特征。首先它是持久的。如果友爱是为了让朋友好,而不是为自己考虑,那么,这样的友爱是可以持久的。它不会像前两种友爱那样,一旦给予对方的快乐和有用性消失了,这种友爱就会消失。事实上,快乐和有用性随着人的变化随时都会消失。但因为人的德性一般不会消失,所以充满德性的好人之间的友爱通常不会消失。其次,真正的友爱双方彼此得到的东西是相似的。两个好人之间的友爱,当然可能会对彼此有用,也当然可能会令彼此感到愉快,它可能囊括了前两种友爱的特征,但因为他们的友谊主要以德性作为根基,快乐和有用性就不是从这种友爱中获得的主要的东西了,它们不过是这种友爱的副产品。正是以德性作为根基,"每一方从这种友爱中得到的东西是相同或相似的"[1]。具体地说,他们得到的东西都是善:"当一个好人成为自己的朋友,一个人就得到了一种善。"[2]而快乐的

---

[1] 亚里士多德:《尼各马可伦理学》,廖申白译注,商务印书馆 2003 年版,第 235 页。
[2] 同上书,第 238 页。

友爱或者有用的友爱,它们得到的东西并不相同,它们往往各取所需,它们得到的利益和快乐也可能有差异。甚至在这两种友爱中,两个朋友可能会出现这样的情况:我从你那里获得了快乐,而你从我这里获得了物质利益。但真正的友爱双方得到的是相同的东西。这是真正的平等的友爱。也正是因为这样,他们不会彼此计较,他们之间也不会有抱怨和争吵。再次,也是因为以德性为基础,这样的友爱不是一蹴而就的,对一个人的德性的了解需要时间,需要长久的相处:"只有一块儿吃够了咸盐,人们才能相知。"[1]正是因为彼此的相知、彼此的信任,这样的友爱经得起考验,不会受到挑拨和离间。但是,这并不意味着这样的友爱不可能终止。如果两个原本的好人,其中一个变坏了,那么,终止这样的友爱也是正常的。还有一种好人之间的友爱终止的可能:其中一个人的德性快速地飞跃,而另一个人还原地踏步,如果他们之间的距离已经大到难以沟通和相处的地步,这样的友爱也可能自然地终止。

最后,对于亚里士多德来说,这样的友爱的形

---

[1] 亚里士多德:《尼各马可伦理学》,廖申白译注,商务印书馆 2003 年版,第 234 页。

成还有一个非常重要的条件和规定,就是要共同生活。"如果分离得太长久,友爱也会被淡忘。"[①]"没有什么比共同生活更是友爱的特征的了。"[②]因为友爱就存在于共同体中,它必须在共同生活中实现,同时,只有共同生活才能分享,才能"在对他们而言是最好的那种事情上一起消磨时光"[③]。这样的好人的共同生活之所以必要,是因为"和好人相处,人会跟着学好"[④]。而"坏人的友爱是坏事。公道的人之间的友爱则是公道的,并随着他们的交往而发展"[⑤]。如果共同生活是朋友的必然相处之道,那么,一个人到底能够交多少朋友,就取决于你能同时和多少人共同生活。显然,一个人没有那么多精力和时间与很多人一起生活,因此,一个人不可能有很多朋友。"与许多人交朋友,对什么人都称朋友的人,就似乎与任何人都不是朋友",而"比较好的做法可能是不要能交多少朋友就交多少,而只交能与之共同生活的那么多的朋友"。[⑥]

---

① 亚里士多德:《尼各马可伦理学》,廖申白译注,商务印书馆 2003 年版,第 237 页。
② 同上。
③ 同上书,第 288 页。
④ 同上。
⑤ 同上。
⑥ 同上书,第 285 页。

这就是真正的友爱的几个特点:充满德性的好人之间的友爱;长期的不受挑拨的友爱;朋友双方得到和给予的是相同的东西的友爱;共同生活、共同分享的有限朋友之间的友爱。这种友爱的根本性质在于,它一方面是希望朋友自身好,但另一方面,"我们用来规定友爱的那些特征,似乎都产生于他对他自身的关系"[1]。也就是说,一个朋友对另一个朋友的期待和希望,实际上也就是他对他自己的期待和希望。一个有德性的好人希望他的朋友不断地促进善,希望他的朋友保全地而体面地活着,希望和他的朋友旨趣一致、悲欢与共。所有这些对朋友的期待也正是一个人对自己的期待:他也期待自己不断增加善,期待自己保全地活着,希望自己与自己能孤独地相处,自己能够单独地回忆自己和享有自己,希望自己与自己能够灵魂和谐、身心一致。自己与朋友相处就像自己与自己相处一样。这样,对朋友的期待实际上就是对自己的期待。"他怎么对待自身便怎么对待朋友(因为朋友是另一个自身)"[2]——这就是亚里士多德对朋友的基本

---

[1] 亚里士多德:《尼各马可伦理学》,廖申白译注,商务印书馆2003年版,第266页。
[2] 同上书,第268页。

定义。因此,友爱可以说就是自爱的表现。"爱着朋友的人就是在爱着自身的善。"[1]这是一个公正的好人的特征。而坏人则完全相反:表里不一,首鼠两端,灵魂分裂,扎堆密谋,充满邪恶且满怀恨意。

但是,这里的一个问题在于,既然友爱是自爱,那么,自爱不是自己就可以完成的事情吗?上述的种种自我期许难道不是自我就可以实现的吗?也就是说,自爱,自己对自己的修养和关注,难道对个体来说不够吗?个体不能自主地自我促进吗?他为什么还要去寻找朋友呢?也就是,爱一个朋友的意义何在?亚里士多德在不同的地方给出了几个不同的理由。首先,真正的友爱是"生活最必需的东西之一","没有人愿意过没有朋友的生活"。[2] 为什么朋友是必需的呢?这是因为朋友是另一个自己,这就意味着他肯定会帮助你,帮助你就相当于帮助他本人。朋友可以从各个方面帮助你,不仅仅是实际生活的帮助,还可以有德性的帮助。因为两个人结伴总是比一个人强。就此,"朋友似乎是最

---

[1] 亚里士多德:《尼各马可伦理学》,廖申白译注,商务印书馆 2003 年版,第 238 页。
[2] 同上书,第 228 页。

大的外在的善"①。如果一个人能够被帮助,需要被帮助,说明这个人并非尽善尽美,他甚至可能身陷厄运。但是,如果一个人的确是尽善尽美而并不需要帮助,那他还需要朋友吗?他仍旧需要朋友,对这样一个尽善尽美的人来说,他的善举就体现在他要帮助别人,也就是说,他需要朋友来承受他的善举。没有朋友,他的善举就难以实现。而善举实现不了,他就不是尽善尽美的。也就是说,一个人无论身处厄运还是好运,无论身处险境还是完美无缺,他都需要朋友。这就是朋友的必要性。

其次,亚里士多德认为,人需要朋友是人性的满足和实现。因为一个人的"幸福在于实现活动,而实现活动显然是生成的"②。也就是说,人的幸福是去活动,去行为,去实践,而不是对某一种东西的占有和获取。但是,人的实现活动、行为实践,人的这种生成到底是什么呢?如果说动物的生命是被感觉能力所规定的话,那么,"人的生命则为感觉与思考能力所规定。而每种能力都与一种实现活动

---

① 亚里士多德:《尼各马可伦理学》,廖申白译注,商务印书馆 2003 年版,第 278 页。
② 同上书,第 279 页。

相关,并主要存在于这种实现活动之中"①。这就是说,人的生命在于感觉和思考(我们也可以说欲望和理性)。去感觉和思考,就是人的实现活动。人之所以为人,就是因为他要去感觉和思考。他要获得幸福,就要去感觉和思考。那么,他应该去感觉和思考什么呢?他要感觉和思考好人的实践,因为好人的实践是充满德性的,是善的。只有思考好的实践,存在才是有意义的。也只有思考好的实践,他才能感觉到幸福。他本人的实践就是好的实践。他应该思考自己的实践而获得幸福。但是,一个人很难清楚地思考和看清自己,他在自我实践的同时很难去思考这样的实践。一个人囚禁在自我中是无法认知自己的。不过他可以旁观和思考他的朋友的实践,就像拉康的婴儿只有通过一个身外的镜子才能辨认出自己那样。"如果我们更能够沉思邻人而不是我们自身,更能沉思邻人的而不是我们自身的实践,因而好人以沉思他的好人朋友的实践为愉悦(因为这种实践具有这两种愉悦性),那么享得福祉的人就需要这样的朋友。"② 显然,朋友在这里

---

① 亚里士多德:《尼各马可伦理学》,廖申白译注,商务印书馆 2003 年版,第 280 页。
② 同上书,第 279 页。

之所以必要,是因为朋友可以作为自己思考的对象。正是借助对朋友的实践的思考,他才思考了自己的实践,因为朋友的实践也是和他一样好的实践(朋友就是另一个自我)。他通过思考朋友的实践来完成对自己实践的思考,他也通过思考实现了自己的活动;他因为这种活动获得了幸福,从根本上来说,他通过这种活动实现了自己的人性。就此,朋友是作为一个人的思考镜像而存在的。正是因为思考这个镜像式的朋友存在,一个人的人性才得以实现。就像一个婴儿通过镜像游戏获得了自我意识一样。

当然,朋友也是作为一个人的感觉镜像而存在的。一个人不仅要思考,还要感觉。同样,一个人很难清楚地感觉自己。如果朋友是另一个自己的话,他可以通过感觉朋友来感觉自己。"一个人也必须一道去感觉他的朋友对其存在的感觉。"[①]这就是对感觉的感觉。这就像黑格尔说的,是对欲望的欲望。正是这样,一个人才超越了动物。动物也会感觉,也会有欲望,但是,动物的感觉和欲望的对象是一个非人的客体,它们是对客体的感觉和欲望,

---

① 亚里士多德:《尼各马可伦理学》,廖申白译注,商务印书馆 2003 年版,第 283 页。

而不是对感觉的感觉或对欲望的欲望。但如何感觉朋友的感觉呢?这就需要共同生活和共同分享:"这种共同感觉可以通过共同生活和语言与思想的交流来实现。共同生活对人而言的意义就在于这种交流,而不在于像牲畜那样的一起拴养。"① 这就是说,要实现感觉,就要共同交流,要进行思想和言语的交流。如果说思考是借助对朋友的观察和沉思从而自己独自完成的话,那么,感觉还要和朋友一起完成。感觉需要通过交流来实现。也就是说,朋友存在的必要性就在于能够彼此交流。只有通过和朋友的交流才能完成感觉活动,才能获得人性的实现。

感觉和沉思是亚里士多德对人的内在生命的规定。朋友正是感觉和沉思得以形成的条件。但是,亚里士多德实际上还有一个对人的外在行为的规定。也就是说,人不仅在生命的内在性方面通过沉思(理性)来超越动物,他还通过外在的行为来超越动物。正是在这个意义上,亚里士多德认为,人是政治的动物。人只有参与城邦生活,只有参与公共生活,只有从事类似的政治生活,才能超越动物,

---

① 亚里士多德:《尼各马可伦理学》,廖申白译注,商务印书馆2003年版,第283页。

也才能实现人性的满足。人如果只有私人生活或者家庭生活,他就仍旧是限定在动物方面,因为私人生活和家庭生活不过是动物欲望的满足形式,它的目的就是自我保全。这样的家庭生活和动物生活毫无二致。显然,人是沉思(理性)的动物和人是政治(城邦)的动物,是从人的内外两个不同的角度对人的定义。就人是沉思的动物来看,他需要朋友来作为他沉思的对象。就人是政治的动物而言,他需要和人交往,需要和朋友交往,需要和朋友一起生活。而一个理想的城邦生活应该是朋友在一起的共同的友爱生活。这样,两个好人之间的私人友爱,就可能转化和上升为公共性的政治友爱:"友爱还是把城邦联系起来的纽带。立法者们也重视友爱胜过公正。因为,城邦的团结就类似于友爱……若人们都是朋友,便不会需要公正;而若他们仅只公正,就还需要友爱。人们都认为,真正的公正就包含着友善。"[1]在这里,友爱比公正还重要,还基本。如果都是好人和公道的人之间的友爱,如果人们在城邦中按照友爱生活,城邦就会团结,"团结似乎就是政治的友爱。……这样的团结只存在于公

---

[1] 亚里士多德:《尼各马可伦理学》,廖申白译注,商务印书馆2003年版,第228—229页。

道的人们之间。公道的人们不仅与自身团结,相互间也团结。……坏人之间不会有这种团结"①。好人之间的政治友爱,才是城邦的首要原则。公正不过是城邦的补充。对亚里士多德来说,友爱才是政治的基础条件。这是友爱的政治意义。它超越了友爱的私人意义。如果说城邦塑造了人,城邦将人从动物的状态超脱出来从而塑造了人,那么,一个理想的团结的城邦就意味着人在这里都成为好人。我们也可以反过来说,好人之间的友爱塑造了一个理想的城邦。从私人友爱到政治友爱的上升,实际上也就意味着从好人到好公民的转化。这也就是亚里士多德要将友爱的根基奠定在好人之上的原因。

对于亚里士多德而言,为什么要谈论友爱,为什么需要朋友呢?因为朋友可以给予我们各种各样的帮助;因为朋友可以实现我们的内在和外在的人性要求;最后,还因为朋友可以实现一个理想的政治形式。

---

① 亚里士多德:《尼各马可伦理学》,廖申白译注,商务印书馆 2003 年版,第 271—272 页。

二

亚里士多德的友爱观点长期主宰了欧洲的友谊讨论。在数百年后,罗马哲学家西塞罗也有一篇非常著名的谈论友谊的文章。西塞罗论友谊在很多方面都受到了亚里士多德的启发,他继承了亚里士多德的观点,但也有其独特之处。

如果说亚里士多德区分了三种友谊的话,西塞罗只承认一种友谊,就是亚里士多德所说的真正的友谊,好人之间的友谊。那种基于利益和快乐关系的友谊,在西塞罗看来,不算友谊。西塞罗没有友谊的进阶过程。西塞罗对友谊的界定非常严格。"友谊只能存在于好人之间。"[1]只有"首先自己做一个好人,然后再去找和自己品质相仿的人做朋友。正是在这种人之间,我们所说的那种稳固的友谊才能得到保证"[2]。亚里士多德并没有对好人的特征做出具体的描述,他认为好人就是有美德的人。但

---

[1] 西塞罗:《论友谊》,载《论老年 论友谊 论责任》,徐奕春译,商务印书馆1998年版,第52页。
[2] 同上书,第76页。

是，西塞罗对好人的行为做了具体的描述："他们的行为和生活无疑是高尚、清白、公正和慷慨的；他们不贪婪、不淫荡、不粗暴；他们有勇气去做自己认为正确的事情。"①"两个朋友的品格必须是纯洁无瑕的。"②只有具有这类品性的好人才可能真正地拥有友谊。显然，这并不是普遍意义上的好人的标准。这样的品性也就是美德，而只有这样的美德才是友谊发生的前提和根基："美德，也正是美德，它既创造友谊又保持友谊。兴趣的一致、坚贞、忠诚皆取决于它。当美德显露头角，放出自己的光芒，并且看到另一个人身上也放出同样的光芒时，它们就交相辉映，相互吸引；于是从中迸发出一种激情，你可以把它叫作'爱'，或者你愿意的话，也可以把它叫作'友谊'。"③美德是第一位的，其次才是友谊。美德会自然地吸引美德，从而产生友谊。没有美德，我们就不可能产生友谊。"但除了美德之外（而且仅次于美德），一切事物中最伟大的是友谊。"④

这和亚里士多德的观点非常接近，亚里士多德

---

① 西塞罗：《论友谊》，载《论老年 论友谊 论责任》，徐奕春译，商务印书馆1998年版，第53页。
② 同上书，第69页。
③ 同上书，第83页。
④ 同上书，第85页。

也认为真正的友爱达成的前提是朋友双方都是好人。而"好人的实践都是相似的"①。但是,西塞罗对友谊发生的条件比亚里士多德还要苛刻一些。亚里士多德虽然认为朋友之间应该悲欢与共,和谐相处,能够彼此分享,但是,他并没有要求他们各方面完全一致。如果各方面完全一致的话,一个人很难同时有几个不同的朋友,事实上亚里士多德并不否定人可以同时有不同的朋友,他只是强调朋友的实践是相似的,但是,他并没有强调他们应该具有何种美德与何种品质。有不同的美德、不同的品性的好人也可能成为朋友。而西塞罗不厌其烦地强调朋友应该"对有关人和神的一切问题的看法完全一致"②。"两个朋友的品格必须是纯洁无瑕的。彼此的兴趣、意向和目的必须完全和谐一致,没有任何例外。"③朋友之间的"爱好、追求和观点上完全协调一致,这种协调一致乃是友谊的真正秘诀"④。就此,他和亚里士多德一样宣称,"一个人,他的真正

---

① 亚里士多德:《尼各马可伦理学》,廖申白译注,商务印书馆2003年版,第234页。
② 西塞罗:《论友谊》,载《论老年 论友谊 论责任》,徐奕春译,商务印书馆1998年版,第53页。
③ 同上书,第69页。
④ 同上书,第51页。

的朋友就是他的另一个自我"[1]。不过,他的这"另一个自我"和亚里士多德还存在某种区别:对亚里士多德而言,朋友是另一个自我意味着,我对待朋友就像对待我自己那样,我希望朋友好就像我希望自己好那样。也就是说,朋友可能不一定和我完全相同,但是,我会像对待我一样来对待他。所以,朋友是另一个自我。西塞罗当然也包含着这一层意思,但是,他不止如此,他更进一步:朋友和我是一样的人。因为我们的观点、品格、志趣、目的都一样。朋友是另一个自我,就意味着朋友是彼此的复制和重叠。西塞罗对朋友的相似性要求显然比亚里士多德更严格。

西塞罗和亚里士多德都强调美德和友谊的不可分。而且,他们都有一个目标,即将这种以美德为根基的友谊和政治结合在一起。对亚里士多德而言,好人之间的友谊可以让城邦结成纽带,让城邦变得更团结,这种友谊是城邦正义的基础。而西塞罗强调这样的友谊,主要是为了强调一个人不会要求朋友去做坏事,也不会答应朋友去做坏事。

---

[1] 西塞罗:《论友谊》,载《论老年 论友谊 论责任》,徐奕春译,商务印书馆1998年版,第55页。

"若朋友要你做坏事,你也不要去做。"[1]"切不可为了忠实于朋友而甚至向自己的国家开战。"[2]也就是说,基于友谊的行为一定是善行。"友谊的第一条规律:我们只要求朋友做好事,而且也只为朋友做好事。"[3]如果朋友抛弃了美德的话,那么友谊就可以终结。他这样说的另一个潜台词即是,坏人之间没有友谊。缺乏美德的人关系再好,无论他们如何抱团,无论他们如何兴趣相投、亲密无间,他们也不过是邪恶的联盟。

如果说亚里士多德最终将友谊引向城邦政治的话,西塞罗则将友谊的讨论引向罗马共和国。在他的时代,经常有叛乱者拉帮结派,试图颠覆共和国。如果叛乱分子想拉着他们的好朋友一起做坏事,那共和国就会陷入分裂的危机。不仅共和国是这样,西塞罗还夸张地说:"宇宙中凡是不可变的东西都是靠友谊这种结合的力量才如此;凡是可变的东西都是由于倾轧这种分离的力量才如此。"[4]友谊是稳定和牢靠的保障。为了避免分离,朋友之间一

---

[1] 西塞罗:《论友谊》,载《论老年 论友谊 论责任》,徐奕春译,商务印书馆 1998 年版,第 62 页。
[2] 同上书,第 63 页。
[3] 同上。
[4] 同上书,第 55 页。

定要慎重行事,不要加入朋友之间的恶行之中。这就是他们背后的友谊和政治的关系。如果说亚里士多德是积极地强调美德、友谊和城邦团结之间的关系的话,那么,西塞罗则是以一种消极的方式来强调坏人结盟与共和国分裂之间的关系。因此,作为一个友谊的律令,他反复地警告,一个人要坚决地拒绝朋友的邪恶邀请,不能帮朋友做坏事。

除了确保国家统一、城市安宁、家庭团结等政治目标之外(所有的分裂和仇恨都令人不快),友谊还有无数的好处。友谊让人对未来充满希望,能给人以信心,能让人获得朋友的帮助,它也是对孤独的克服。友谊就像是生活中的阳光,缺了它生活就如同暗夜。亚里士多德认为友谊是人性的实现:人只有通过友谊,才能实现天性。正是友谊让人成为人。这一点西塞罗和亚里士多德相反,他认为,是先有了人才会出现友谊,不是友谊实现人的天性,而是人的天性自然地包含友谊,流露出友谊:"友谊是出于一种本性的冲动,而不是出于一种求助的愿望;出自一种心灵的倾向(这种倾向与某种天生的爱的情感结合在一起),而不是出自对于可能获得的物质上的好处的一种精细的计算。"[1]友谊是一种

---

[1] 西塞罗:《论友谊》,载《论老年 论友谊 论责任》,徐奕春译,商务印书馆1998年版,第57页。

自发的情感,"它所能给予我们的东西自始至终包含在情感本身之中"①。就此,"除智慧以外,友谊是不朽的神灵赋予人类最好的东西"②。它是人的属性,而不是人的决定根基。

亚里士多德和西塞罗都强调朋友双方的年龄问题。亚里士多德强调大多数老年人的友谊是物质的友谊,而少年的友谊是快乐的友谊。这显然意味着真正的友谊主要是发生在中年人那里。而西塞罗认为拥有友谊能力的人应该是成年人。对他来说,孩童之间不存在友谊,青少年之间也不存在真正的友谊——他们还未定形,他们的习惯、爱好、思想都处在未成熟状态,他们还有很多变化,这种不确定的情感和特征不能确保友谊的永恒性和牢靠性。因此,只有成熟的人之间才有真正的友谊。只有对生活、社会和世界有切身和确切理解的成熟的人,才能建立稳定的友谊。因此,友谊的主体,第一是有德性的人,第二是成熟的人,只有同时符合这两个条件才有资格享有友谊。前者确保友谊是一种善行,后者确保友谊的稳定和牢靠。

---

① 西塞罗:《论友谊》,载《论老年 论友谊 论责任》,徐奕春译,商务印书馆1998年版,第59页。
② 同上书,第53页。

这样,并非人人都有缔结友谊的能力。友谊属于有条件的主体,他们应该是"坚定、稳健、忠贞不移的人"[1],同时,它还需要一定的技术才能缔结。对西塞罗而言,核心的友谊技术既包括怎样和一个人发生友谊关系,也包括怎样和一个人断交。友谊的产生是逐渐开始的,是在长久的相处和摸索中缓慢地发生的。没有一蹴而就的友谊。当友谊成为现实,要让友谊变得长久,朋友之间应遵循的最重要的交往原则就是彼此敬重,"如果没有'敬重',友谊就失去了它最光灿的'宝石'"[2]。朋友之间还应该保持忠诚和平等。地位高的朋友应该在地位低的朋友面前降低身份,新的朋友和旧的朋友应该一视同仁。如果朋友之间发生了巨大的矛盾,友谊不可避免地要终结的话,那么,也不应该猛然地决裂,而是应该缓缓地冷却。如同存在奠定友谊的艺术,也存在一门断交的艺术。

亚里士多德强调的"美德""共享""朋友是另一个自我",以及友谊可以促进政治的团结等观念,都被西塞罗继承了。这是亚里士多德的友谊观念的

---

[1] 西塞罗:《论友谊》,载《论老年 论友谊 论责任》,徐奕春译,商务印书馆1998年版,第70页。
[2] 同上书,第77页。

通俗版本。但是,西塞罗将亚里士多德的"友谊是人性的完成实现"推进到友谊是"人性的表现冲动",将朋友的"共享"推进到了朋友的完全"重叠",将具有美德的抽象"好人"推进到了具有美德的成熟的具体的"好人",将友谊积极促进城邦团结推进到了友谊消极地防止共和国的分裂。我们看到,西塞罗还是在亚里士多德的框架中谈论友谊。不过,他采取了一种不一样的谈论方式。亚里士多德是用哲学思辨的方式来谈论友谊,这样的谈论方式肯定是普遍性的对友谊的论述,他几乎没有涉及具体个人之间的友谊。相对于西塞罗来说,亚里士多德谈论的是抽象的好人、抽象的德性和抽象的人性。而西塞罗的这篇论友谊的文章是应一个朋友的邀请而写的。这个题目、这篇文章"尤其切合于你我之间存在的那种亲密的交情"[1]。因此,这篇文章本身带有个人特性——在向一个朋友谈论友谊的时候,当然会将二人的友谊经验涵盖和投射进来。西塞罗这篇论友谊的文章是献给朋友的礼物,也是对自己和朋友之间的友谊进行的理论总结和升华。更重要的是,这篇文章还是以舞台戏剧的对话方式

---

[1] 西塞罗:《论友谊》,载《论老年 论友谊 论责任》,徐奕春译,商务印书馆1998年版,第46页。

来呈现的:西塞罗不是自己论述友谊,而是让一个作古的人莱利乌斯来谈论。西塞罗之所以选择莱利乌斯作为主角,是因为后者和西庇阿的友谊最令人称道。莱利乌斯是应他的两个女婿的要求来回忆和谈论他与西庇阿的友谊的。显然,他论述的友谊观念建立在他和西庇阿的友谊的基础之上。他不仅回忆了他和西庇阿的交往,还回忆了很多其他的具体个人的友谊故事。这样,这篇论友谊的文章就携带着双重的私人经验:莱利乌斯和西庇阿的友谊经验,西塞罗和他的朋友的友谊经验。和亚里士多德思辨性地谈论友谊不一样的是,西塞罗普遍的友谊的观念是建立在具体的私人经验之上的。对于他来说,这个双重的私人经验的核心就是:"因为我爱的是他的美德,而他的美德是不会死的。"[1]

三

正是由于西塞罗的影响,我们彻底回到私人友谊方面来。蒙田有一篇论友谊的著名文章。这篇

---

[1] 西塞罗:《论友谊》,载《论老年 论友谊 论责任》,徐奕春译,商务印书馆1998年版,第84页。

文章明显地和古人的友谊观念有一个重要的决裂：他将友谊从政治的诉求中解放出来。友谊孤立地回到了单纯的个体之间，友谊就限于两个人的情感交往。如果没有政治的诉求，那么德性也就不是蒙田的重点考量对象。对于古人来说，德性、友谊和政治是三位一体。友谊以德性为条件，就是确保它的政治目标。蒙田和古人的一个重要的区别就在于，他并没有刻意强调友谊的德性根基。他也不强调普遍的友谊。他讨论的是他自己的纯粹的私人友谊经验；或者说，他并不试图将这种私人友谊上升为一种普遍经验。或许每个人，无论是好人还是坏人，都可以有朋友，都可以有一种特殊的友谊经验。蒙田只是强调他和朋友的友谊关系是最高级的友谊关系。这种友爱也区别于其他几种友爱类型：血缘类型、社交类型、待客类型和男女情爱类型。显然，这样的友爱类型的划分和亚里士多德非常不一样。这篇论友谊的文章也是一篇纪念文章，纪念他死去的朋友拉博埃西。莱利乌斯也是在西庇阿死去之后回忆他们之间的友谊，但是，它不是以纪念文的形式出现的。而且，他和西庇阿的友谊经验并不是文章的全部。而蒙田的这篇论友谊的文章完全是以他和拉博埃西的友谊为主题的。

蒙田继承了亚里士多德和西塞罗的友谊的共享概念。他从自己的经验出发得出这一结论：友谊是两个人的灵魂的完全交流。两个朋友是一模一样的，心灵融合在一起，但根本看不到任何融合的痕迹。"我所说的友谊，则是两人心灵彼此密切交流，全面融为一体，觉不出是两颗心灵缝合在一起。"[1] 两个人"完全情投意合"，"我们的心灵步调一致地前进，相互热忱钦佩，这样的热忱出自彼此的肺腑深处，我不但了解他的心灵犹如了解自己的心灵，而且还更乐意相信他超过相信我自己"。[2] 也就是说，一个朋友就是他自己。但他们不仅仅是完全的重叠——这比亚里士多德和西塞罗更加激进。对亚里士多德来说，朋友是另一个自己，就意味着对待朋友就像对待自己一样。对西塞罗来说，朋友是另一个自己，意味着朋友和自己的个性、品质、追求等完全一致。但是，对蒙田来说，朋友是另一个自己，意味着朋友的灵魂就是自己的灵魂，朋友的灵魂可以取代自己的灵魂。朋友的意志和我的意志完全消融在一起。也就是说，我的意志和他的意

---

[1] 蒙田：《论友爱》，载《蒙田随笔全集》（第1卷），马振骋译，上海书店出版社2009年版，第171页。
[2] 同上书，第173页。

志消失在彼此的意志中。简单地说,两个朋友,实际上就意味着一个灵魂的两个身体。朋友之间只有身体的不同。对于亚里士多德和西塞罗来说,朋友不能去干坏事,如果朋友让你去干坏事的话,一定要拒绝。但是,对于蒙田来说,朋友让你去干任何事都要答应,因为我和朋友享有同一个灵魂、同一个意志。对亚里士多德来说,一个朋友太少,因为一个人可以和几个朋友同时生活,这就意味着他可以同时有几个朋友;对西塞罗来说,朋友不应该太多,也不可能太多,毕竟和自己个性、品格完全契合的人很少;而对蒙田来说,朋友只有一个,他占据了你的全部。"这种完美友谊是不可分割的,每个人都把自己全部给了对方,再也留不下什么给别人。"[①]两个人的世界排斥了第三人的可能性。

在朋友的交往中,亚里士多德和西塞罗都强调平等的交往,他们都强调朋友之间得到的东西都是一样的,相互赐予对方的东西都是一样的。而蒙田则认为这样的区分是没有意义的,不存在你我双方的赠予和获取:"由于这样的朋友的一致是真正完美的一致,根本不去想什么是义务或不义务,至于

---

① 蒙田:《论友爱》,载《蒙田随笔全集》(第1卷),马振骋译,上海书店出版社2009年版,第174页。

恩情、尽责、感激、请求、道谢以及这类区分你我与包含差别的用词,在他们之间遭到憎恨与驱逐。他们的一切都是共有的:意愿、想法、判断、财产、妻儿、荣誉与生命。"[1]因此谈不上给予对方什么、占用对方什么,已经没有你我之分了。西塞罗还强调朋友之间应该彼此敬重,这是交友的重要原则。但是,这也受到蒙田的反驳,如果两个朋友是同一个灵魂的话,有什么需要敬重的呢?交友之道,不仅不要客气地敬重,更重要的是,还要向朋友大方地索取。只有向对方索取,才是对待朋友的最好方式。"向朋友求助,看作对他们的好意与恩惠。"[2]被求助的朋友应该向求助他的朋友表示感谢:"如果说在我谈的友谊中一个人能够给另一个什么,这应该是接受好处的人让他的同伴表示感激。因为两方最突出的愿望就是给对方做好事。"[3]朋友之间甚至可以出现不平等的感谢,但是,慷慨提供帮助的人应该感谢那些求助者。而向一个朋友求助,就意味着向这个朋友施惠。因为慷慨的帮助者终于得以完成了自己的心愿,实现了他的友谊。

---

[1] 蒙田:《论友爱》,载《蒙田随笔全集》(第1卷),马振骋译,上海书店出版社2009年版,第173页。
[2] 同上书,第175页。
[3] 同上书,第174页。

但这种友谊是怎么发生的?蒙田的解释非常奇特。他说,友谊的发生,至少他自己的友谊的发生是难以解释的。他说,命里注定了我和拉博埃西之间会发生友谊。为什么是这两个人之间的友谊呢?也没有原因:"因为这是他,因为这是我。"[①]尽管西塞罗和蒙田都强调成熟的人之间的友谊,但是,亚里士多德和西塞罗说友谊是慢慢养成和酝酿的,是在长久的接触和相知中逐渐发生的,友谊有一个自然的养育过程,而蒙田的例子则恰好相反,友谊是瞬间产生的,难以解释,近乎天意。他说他和他的朋友之间发生友谊之前根本没有任何的交往,他们只是听说了对方,只是听说了对方的各种行为和事迹,他一看到朋友的名字就喜欢上了这个人,而且知道这个人必定是自己的朋友,他们一见面就相互拥抱,一见面就奠定了友谊,这样的友谊根本无须时间去缓慢地酝酿。这就如同上帝赐予的友谊,这是从天而降的友谊。这样的友谊也不可能分离——蒙田甚至根本不谈论友谊的破裂这一类问题。

友谊是如此奇妙地发生了。而且,蒙田和他的

---

① 蒙田:《论友爱》,载《蒙田随笔全集》(第1卷),马振骋译,上海书店出版社2009年版,第171页。

朋友之间的这种友谊,越久越醇厚,它无边无际、永不满足,因此没有终点。这也是友谊和爱情的区别。恋爱通常是到达高潮之后就终止了,恋爱总是奔着高潮的目标而去,而高潮就意味着成功地获取了对方的一切。高潮过后,就开始快速下坠。因此,爱情是有限度的,恋爱双方摸透了对方的一切后,爱情就来到了终点,就开始枯萎。这是因为,"肉欲的目的是容易满足的,爱情也会因它享受到了而失去。友爱却相反,期望得到它,则会享受它,因为这种享受是精神上的,友爱在享受中提高、充实、升华,心灵也随之净化"①。友谊永不会满足,越享受友谊,越会对它充满进一步的期待。但爱情不同,"情欲的火焰更旺,更炽烈,更灼人。……但是这种火焰来得急去得快,波动无常,蹿得忽高忽低,只存在于我们心房的一隅。友爱中的热情是普遍全面的,时时都表现得节制均匀,这是一种稳定持久的热情,温和舒适,决不会让人难堪与伤心。在爱情中还有一件事,就是我们得不到时反而有一种疯狂的欲望"②。

---

① 蒙田:《论友爱》,载《蒙田随笔全集》(第 1 卷),马振骋译,上海书店出版社 2009 年版,第 170 页。
② 同上书,第 169 页。

但是，友谊难道没有高潮吗？友谊没有终结吗？或许，友谊的高潮瞬间，就是失去友谊的时刻。只有失去朋友的时候，你才更真切地知道他对你的重要性。最深刻、最高峰的友谊经验是什么？不是和朋友在一起分享的时刻，而恰恰是朋友离开的时刻，是失去朋友的时刻。失去朋友的刹那，关于友谊的记忆就会潮水般地翻滚起来。失去朋友，一方面指的是朋友和你分手之际，友谊破裂之际；另一方面，是朋友别离和死亡之际。正是在这一分离时刻，友谊才达到它的巅峰经验。这就是蒙田和亚里士多德、西塞罗之间的差别。后两者讲的是友谊必须要一起生活，共享的时刻才让人体会友谊，而蒙田则讲到了友谊的分离，尤其是死亡的分离，才会让人刻骨铭心地经验友谊。在他朋友逝去的时刻，他对友谊有了至高的体验。

但死亡不是会让友谊终止吗？死亡不是友谊的限度吗？朋友双方，总是有一个人要先走的。蒙田的这个朋友就先他而死了。而友谊，唯一的限度，或者说，唯一的终止，就是朋友一方的死亡。

但是，死亡真的能割舍和终止友谊吗？朋友死了，蒙田就觉得他的生活黯然无光，他觉得他自己也死了。在某种意义上，朋友死了，我本人也死了。

因为朋友就是我自身。我虽然存活于世,但不过是在世的死亡,我也进入了坟墓。现世就是我的坟墓。"你走了,我的幸福也随之破碎,我的兄弟,/随着你,两人的灵魂一起葬入坟里。(卡图鲁斯)"① 因为朋友走了,我得不到任何的快乐,即便有快乐降临到我的头上,可我的朋友不在了,那么快乐也就没有任何意义:"自从失去他的那天……此后我过得无精打采;若遇上快乐的消遣,不但不能给我安慰,反使我加倍怀念他的不在。我们各人为整体的一半,我觉得我偷去了他的一份。"②

西塞罗也讲到友谊和死亡的问题。对于西塞罗而言,朋友死了,但因为朋友是另一个自己,只要我自己还活着,就意味着朋友并没死。所以,朋友即便在坟墓里,他也通过我活着,他在死去的坟墓中还通过我仍旧活在现实中。我在现世中感受到的快乐,可以传递到坟墓中。这样,我今天享受快乐,我死去的朋友也能够享受快乐。他在坟墓中感受到我的现实快乐。所以这样的死亡并不是那么可怕,朋友并不是一死就百了。"他死后仍然可以

---

① 蒙田:《论友爱》,载《蒙田随笔全集》(第1卷),马振骋译,上海书店出版社 2009 年版,第 177 页。
② 同上书,第 176 页。

在朋友的生活中再次享受人生之乐。……这是朋友的敬重、怀念和悲悼跟随我们到坟墓的结果。它们不但使死亡易于为人们所接受,而且给活人的生活增添一种绚丽的色彩。"[1]

我们看到,蒙田和西塞罗都谈到了死亡和友谊的关系。他们都是从"朋友是另外一个自我"出发,但是,他们的看法有所不同。蒙田忍受不了朋友的死。对他来说,死亡就是一个巨大的难以忍受的悲剧:朋友死了,我也就死了;朋友体会不到快乐了,所以我也不可能体会快乐了;朋友之死意味着两个人都死了。西塞罗则说,朋友死了,但我仍然活着,因为我还活着,朋友通过我而活着。我有快乐,死去的朋友也因此能感受到快乐。也就是说,朋友只要还有一个没死,就意味着两个人都活着。这样,两个朋友合二为一,其中一个死亡后,就会产生两个不一样的结果:或者感觉自己追随死去的朋友死了;或者感觉朋友并没有死,他还活在我身上,他通过我还继续活着。真正的友谊的终结,不是一个人的死亡,而是直到两个朋友最后都离开了人世。但是,即使这样,感人至深的友谊还没有完全终结,它还可能存留在后世人的记忆之中。

---

[1] 西塞罗:《论友谊》,载《论老年 论友谊 论责任》,徐奕春译,商务印书馆1998年版,第55页。

四

从亚里士多德、西塞罗到蒙田,友谊越来越脱离政治取向而趋向私人化,友谊一旦成为纯粹的私人友谊,人就越来越严格地要求朋友是另一个自己。一旦朋友和自己完全融合,友谊中的物质利益根基就会被彻底剔除——这是蒙田得出的必然结论。但是,培根第一个动摇了亚里士多德所奠定的欧洲古典友谊观点。

培根和亚里士多德、西塞罗一样,他认为交友是人所特有的性格,甚至是人性本身。因为动物之间没有友谊,只有人才有友谊。这是人和动物的差别所在。对培根而言,"缺乏真正的朋友乃是一种地地道道的、非常可悲的孤独,因为,如果没有真正的朋友,世界只不过是一片荒野;甚至在这个意义上还可以说,凡是生性不适宜于交友的人,其性格是禽兽的性格,而不是人的性格"[1]。这非常接近亚

---

[1] 培根:《论友谊》,载《培根论人生》,徐奕春等译,中央编译出版社 2009 年版,第 120 页。这段话显然接近亚里士多德在《政治学》中的论断:"不能在社会中生存的东西或因为自足而无此需要的东西,就不是城邦的一个部分,它要么是个禽兽,要么是个神,人类天生就注入了社会本能。"(亚里士多德:《政治学》,颜一、秦典华译,中国人民大学出版社 2003 年版,第 5 页。)

里士多德的观点,但除此之外,培根就摆脱了亚里士多德和西塞罗甚至蒙田的友谊传统了。德性正是亚里士多德和西塞罗论友谊的出发点,没有德性就没有友谊。蒙田几乎没有谈论友谊的德性根基,但是,在他那里,朋友之间融合在一起不分彼此,这种友谊如此地真挚动人,你甚至能够感觉到朋友之间没有说出来的深厚德性。不是德性决定了友谊,而是友谊生出了德性,友谊助长了德性,德性是友谊自然而然的外现。在蒙田这里,德性相对于友谊来说是第二位的,德性埋伏在蒙田论述友谊的字里行间。而在培根这里,友谊和德性的关系进一步脱节了。他丝毫没有谈论友谊的德性根基。甚至没有德性的人、不平等的人之间也可能存在友谊。他讲了很多君主及其大臣之间的友谊事例。这样的友谊非常不同于古典的友谊观念:一方面它并不以德性为根基,另一方面他们彼此之间也不平等。因此,培根很自然地否定了亚里士多德的观点:"我们就会发现,古人所说的'朋友便是另一个自己'这句话是保守的,因为一个朋友的作用比他自己大得多。"[1]

---

[1] 培根:《论友谊》,载《培根论人生》,徐奕春等译,中央编译出版社 2009 年版,第 127 页。

如果取消了德性和平等这样的友谊的基石,那么,友谊对培根来说意味着什么呢?对培根而言,友谊主要有三类帮助功能。首先是情感的帮助。朋友可以为自己排忧解难。"它能使心中的饱胀抑郁之气得以宣泄,这种郁气是各种情感都可以引起的。我们知道,身体上的堵塞憋闷之症是最危险的;而精神上的闭塞压郁之症差不多也是如此。……除了真正的朋友外,没有一种药是可以通心的。对他们,你可以倾诉自己的不幸、愉悦、希望、疑虑、劝告,以及一切压抑于心中的事情,有一点像世俗的忏悔。"[1]这样,朋友可以让自己从忧愁的状态进入快乐的状态——这就是亚里士多德认为的基于快乐之上的友谊。第二种帮助是理智上的帮助。"友谊的第二种效用是能颐养和支配理智。因为友谊不但能使人走出狂风暴雨式的感情世界而步入风和日丽的春天,而且还能使人摆脱胡思乱想而进入理性的思考。这也不难被理解为仅仅是由于接受了朋友忠告的缘故。"[2]第三种帮助是各种事务上的帮助,每个人都有力所不逮之处,但是,朋友或许可

---

[1] 培根:《论友谊》,载《培根论人生》,徐奕春等译,中央编译出版社2009年版,第120页。
[2] 同上书,第124页。

以帮助他,甚至可以代表他去做一些他不方便做的事情:"友谊对于人的一切活动和需要都是有所帮助、有所参与的。"①

这就是培根认为友谊重要的原因。在此,培根将友谊看作一种有用的效应。友谊和帮助紧密相关,没有帮助就无须友谊。但是,这样的帮助不是对别人的帮助,而是对自己的帮助。朋友之所以必要,是因为朋友可以帮助我——我们看到,这已经完全偏离了亚里士多德传统。从亚里士多德到蒙田的朋友概念恰恰强调的是应该不断地帮助对方。帮助对方,才是友谊观点的重心。对待朋友就像对待自己一样。到蒙田这里,对待朋友甚至要比对待自己更好,帮助朋友比让朋友帮助自己更符合友谊的本质。但是,培根说朋友之所以重要,就是因为朋友对我重要,朋友对我有帮助。如果不能帮助我,对我没有用处,这样的朋友有什么意义呢?因此,这是以"我"为中心的朋友观。

即便是帮助,这三种帮助从亚里士多德的角度来看,也不是真正的友谊。培根说的第一种帮助实际上就是朋友有助于为自己解忧,让自己脱离愁苦

---

① 培根:《论友谊》,载《培根论人生》,徐奕春等译,中央编译出版社2009年版,第127页。

并变得快乐起来。也就是说,朋友的存在旨在让自己获取快乐。这就是亚里士多德说的以快乐为根基的友谊,但这不是亚里士多德所说的真正的友谊:如果没有忧愁,就不需要这样的朋友了,因此这样的朋友并不稳靠。第二种帮助是对理性的培养,但这种友谊如果没有德性为根基的话,也不是亚里士多德所说的友谊。因此,培根不仅将友谊的德性根基除掉了,而且他的友谊类型的划分也脱离了亚里士多德传统。第三种帮助实际上是亚里士多德所说的物质利益的帮助,在此,友谊的基础是有用性。这几乎是所有古典思想都排斥的友谊观。培根所谈论的友谊,都不是好人之间的"真正的友谊"。培根完全摆脱了古典的友谊观念。

而如果是要朋友来帮助自己的话,这个朋友应该不是另一个自我。如果朋友和自己完全一致,是自己的重叠的话,那他可能也帮不上什么忙。因此,与其说是找一个和自己完全一样的朋友(另一个自己),不如说,应该有一个差异性的朋友,一个不同于自己的朋友来补充自己的不足。所以,培根强调朋友之间的差异、互补,甚至是对立。只有这样,一个和自己不同的朋友才可以倾听自己,也可以忠告自己;可以从他的角度看出自己的恶习、弱点和错谬;

可以通过他的能力来帮助自己解决无法面对的事情。这样,培根的友谊观念中毫无疑问隐含着诤友的概念。如果朋友彼此完全融合,毫无差异的话,就既谈不上忠告,也谈不上倾听了。"在友谊中,让能进忠言的朋友发挥最大的影响;产生这种影响的忠言不但要坦诚,而且有时,如果情况需要的话,还要尖锐;而当朋友做这种劝告时,就应当听从。"①

这样,培根的友谊观点是自我中心的,是务实有用的,这样的观点也更有现代意味——对现代人而言,朋友不再是另一个自己,朋友就是一个差异性的能够帮助自己的他人。在亚里士多德认为的友谊的虚伪之处,现代人培根则发现了友谊的真谛。也正是这样,关于朋友之死,培根和西塞罗、蒙田非常不一样。西塞罗和蒙田认为死亡并没有将两个朋友分开,死亡无法隔断他们,朋友的死就是自己的死,或者说,自己的生就是朋友的生。但是,与西塞罗和蒙田不一样,培根非常现实地认为,一个人之死,既没有将他的朋友带入坟墓,也没有在他活着的朋友身上获得重生。活着的人不应该追随死者进入尘世的坟墓而死气沉沉,相反,他应该

---

① 西塞罗:《论友谊》,载《论老年 论友谊 论责任》,徐奕春译,商务印书馆1998年版,第64页。

自己好好活着,好好活着也不是让死去的朋友还感受到人间快乐,而是帮助死去的朋友完成未竟的使命;每一个死去的人都有后事需要了结。这才是对待死去的朋友的最好方式:因为"人的生命是有限的,许多人往往未能了却自己的某些心愿(如子女的婚事、工作的完成等等)就死了。如果一个人有一个真心的朋友,那么,他就可以放心了,因为在他死后他的朋友会继续去完成那些事情"[1]。这样的朋友是对死去的朋友的增补,既是时间的增补,让死去的朋友活得更久,也是空间的增补,可以在另一个地方,在朋友无法抵达的地方帮助朋友:"因此,一个人在完成其心愿方面可以说是有两条生命了。一个人有一个身体,而这个身体只是局限于一个地方。……在他不能涉足的地方,他可以通过他的朋友去办理。"[2]这样,朋友不是自身,不是自身的一个复刻,而是自身的一个帮助,是自身的一个增补。朋友和自己有差异,正是这种差异才让朋友对自己有用。这样,培根的结论就是,朋友就是要让自己变得更有能力,活得更久,做出更多的事情。

---

[1] 培根:《论友谊》,载《培根论人生》,徐奕春等译,中央编译出版社2009年版,第127页。
[2] 同上。

朋友与其说是另一个自我,不如说是一个各方面都放大和增补的自我。

五

如果说培根开始强调朋友之间的差异,从而开始打破朋友是另一个自己这样古老的友谊观念的话,那么,布朗肖则更进一步强调朋友之间的分离。对布朗肖来说,朋友不是共同生活,不是分享,不是另一个自我,甚至不是培根意义上的帮助。那朋友意味着什么呢?朋友和朋友之间如何相处呢?朋友之间如何联系呢?布朗肖说,朋友就是保持距离的人。朋友关系只能通过距离来衡量。朋友甚至是自己的陌生人。"我们必须以一种陌生人的关系迎接他们,他们也以这种关系迎接我们,我们之间相互形同路人。友谊,这种没有依靠、没有故事情节的关系,然而所有生命的朴实都进入其中,这种友谊以通过对共同未知的承认的方式进行,因此它不允许我们谈论我们的朋友,我们只能与他们对话,不能把他们作为我们谈话(论文)的话题,即使在理解活动之中,他们对我们言说也始终维持一种无限的距离,哪怕关系再为要好,这种距离是一种根本的分离,在这个基础上,那分离遂成为一种联系。这种分离不是拒绝交谈知心话语(这是多么俗气,哪怕只是想想),而就是存在于我和那个称为朋友的人之间的这种距离,一种纯净的距离,衡量着我们之间的关系,这种阻隔让我永远不会有权力去利用他,或者是利用我对他的认识(即便是去赞扬他),然而,这并不会阻止交流,而是在这种差异之中,有时是在语言的沉默中我们走到了一起。"①

这是布朗肖独特的友谊观。自亚里士多德以来,友谊总是同朋友之间的共存、分享和重叠联系在一起的。我们看到,布朗肖是对这种漫长而根深蒂固的友谊观念的一个拒绝,他扭转了友谊讨论的方向:友谊不是无限地接近。相反,友谊就是不见面,就是保持距离,就是对距离和差异的刻意维护,就是朋友之间的沉默以对。但是,这种沉默并非不是一种交流,沉默也是一种话语。在什么意义上沉默是一种话语呢?福柯有一段关于沉默的友谊的回顾或许可以作为对布朗肖的注释:

---

① 莫里斯·布朗肖:《论友谊》,载《生产》(第二辑),汪民安主编,广西师范大学出版社 2005 年版,第 152 页。

某些沉默带有强烈的敌意,另一些沉默却意味着深切的友谊、崇敬甚至爱情。我深深地记得制片人丹尼尔·施密特造访我时的情景。我们才聊了几分钟,就不知怎地突然发现彼此间没有什么可说的了。接下来我们从下午三点钟一直待到午夜。我们喝酒,猛烈地抽烟,还吃了丰盛的晚餐。在整整十小时中,我们说的话一共不超过二十分钟。从那时起,我们之间开始了漫长的友谊。这是我第一次在沉默中同别人发生友情。[①]

这种沉默的话语意味着心照不宣的秘密,它不需要表达,不需要用话语来确证和沟通,它"平静地维持着自身"。这种沉默构筑了朋友关系的沟壑,不过是质朴的沟壑。正是因为这沉默的沟壑,友谊才会更加纯净,这种充满距离的友谊纽带才不会成为羁绊,或者说,朋友之间不存在纽带,"分离遂成为一种联系"。而这样的联系永将维持。但是,如果像布朗肖说的那样,将朋友当作一个陌生人,一个路人,那为什么这个陌生的路人还是朋友呢?为

---

① 《权力的眼睛——福柯访谈录》,严锋译,上海人民出版社1997年版,第1页。

什么还会跟这个路人有关系呢？这正是因为他们的交流。但是，不见面，保持距离，又如何交流呢？交流，就是以阅读和写作的方式来关注对方和评论对方。或许，在布朗肖和福柯之间发生的就是这类交流，这种陌生人之间的友谊：不见面，保持纯净的距离，没有世俗的任何污染，从而让朋友处在绝对的自由状态。但与此同时，和对方进行一种分离式的阅读及写作的交流。"言辞从一条海岸到另一条海岸，话语回应着一个从海岸那边进行言说的人。"[1]这就是不见面的陌生人之间的交流。这样的友谊就不存在"私交"。这就是布朗肖所说的"知识友谊"。一种陌生人之间的知识友谊，一种不见面的沉默交流。一种存在沟壑但又跨越了沟壑的交流。

沉默的友谊或许还意味着，这种友谊从不轻易地说出来，这种友谊需要以沉默的方式来维护，对这种友谊的言说和宣称，不是对它的肯定，而是对它的损耗。朋友，只有在朋友永远地离开的时候，只有朋友永远听不到朋友这个称呼的时候，才可以被宣称。也正是在福柯永远无法倾听的时候，布朗

---

[1] 莫里斯·布朗肖：《论友谊》，载《生产》（第二辑），汪民安主编，广西师范大学出版社 2005 年版，第 152 页。

肖才开始公开地宣示这种友谊:是的,福柯是他的朋友,虽然他们未曾谋面,"友谊是许诺在身后赠给福柯的礼物。它超越于强烈情感之外,超越于思索的问题之外,超越于生命危险之外。……我坚信,不管处境多么尴尬,我仍然忠实于这一份知识友谊。福柯的逝世令我悲痛不已,但它却允许我今天向他宣示这份友谊"[1]。

布朗肖在他的这篇纪念未曾谋面的朋友的文章最后引用了古老的西方名言:朋友啊,世上是没有朋友的。通常,这是一个令人奇怪的矛盾修辞:怎么能称呼一个人为朋友,怎么能对着一个朋友的面,但同时又对他说世上根本就没有朋友呢?但是,在布朗肖这里,这句话完全没有任何的悖论:是的,世上已经没有福柯这个朋友了,所以,现在,我可以称他为我的朋友——这是"没有私交"的朋友。

死亡肯定了友谊,延续了友谊。这是布朗肖对西塞罗和蒙田的延续。但是,和他们不一样的是,西塞罗的友谊和蒙田的友谊在朋友生前都得到了宣告,得到了肯定,得到了分享,而对布朗肖而言,友谊在生前从未被宣告、分享和记录,友谊是"一种

---

[1] 莫里斯·布朗肖:《我想象中的米歇尔·福柯》,载《福柯/布朗肖》,肖莎等译,河南大学出版社 2014 年版,第 41—42 页。

没有历史记录的坦率关系"。友谊意味着沉默的距离。对布朗肖和福柯的友谊而言,死亡"不是这种距离的延展,而是它的抹除;不是停顿的扩大,而是消失,横亘于我们之间的黑洞也被夷平"[①]。在西塞罗和蒙田那里,死亡没有将友谊席卷而走,但是,死亡让友谊变得沉默了。在布朗肖这里,死亡也没有将友谊席卷而走,但是,死亡让友谊开口说话了,让友谊开始被宣告和记录了。挖掘了所有沟壑、确保了一切距离的死亡,在这里却奇特地填平了友谊的沟壑并消除了友谊的距离。

[①] 莫里斯·布朗肖:《论友谊》,载《生产》(第二辑),汪民安主编,广西师范大学出版社2005年版,第153页。

图书在版编目(CIP)数据

论爱欲 / 汪民安著. —南京：南京大学出版社，2022.7(2023.3 重印)
 ISBN 978-7-305-25410-9

Ⅰ.①论… Ⅱ.①汪… Ⅲ.①情感-研究 Ⅳ.
①B842.6

中国版本图书馆 CIP 数据核字(2022)第 028644 号

出版发行	南京大学出版社		
社　　址	南京市汉口路 22 号	邮　编	210093
出 版 人	金鑫荣		

书　　名	**论爱欲**	
著　　者	汪民安	
责任编辑	甘欢欢	
照　　排	南京紫藤制版印务中心	
印　　刷	徐州绪权印刷有限公司	
开　　本	787×1092　1/32　印张 10.375　字数 160 千	
版　　次	2022 年 7 月第 1 版　2023 年 3 月第 4 次印刷	
ISBN	978-7-305-25410-9	
定　　价	75.00 元	

网　　址:http://www.njupco.com
官方微博:http://weibo.com/njupco
官方微信:njupress
销售咨询:(025)83594756

* 版权所有，侵权必究
* 凡购买南大版图书，如有印装质量问题，请与所购
　图书销售部门联系调换